校企合作装备制造类专业精品教材

机械制造工艺

主审　刘绍忠　陈黎明
主编　胡智清　王得胜　熊建武

航空工业出版社
北　京

内 容 提 要

本书依据教育部相关要求，结合相关教育教学标准编写而成。全书共六个项目，分别为机械加工工艺规程基础、轴类零件机械加工工艺规程、套类零件机械加工工艺规程、箱体类零件机械加工工艺规程、齿轮类零件机械加工工艺规程、机械装配工艺规程。

本书注重理论与实践相结合，突出培养学生的综合职业素养，可作为各类院校机械设计制造类专业的教材。

图书在版编目（CIP）数据

机械制造工艺 / 胡智清，王得胜，熊建武主编.
北京 : 航空工业出版社，2025.1. -- ISBN 978-7-5165-4055-8
Ⅰ．TH16
中国国家版本馆 CIP 数据核字第 2025RU4730 号

机械制造工艺
Jixie Zhizao Gongyi

航空工业出版社出版发行
（北京市朝阳区京顺路 5 号曙光大厦 C 座四层　100028）
发行部电话：010-85672666　010-85672683　　　读者服务热线：010-85672635
北京谊兴印刷有限公司印刷　　　　　　　　　　　全国各地新华书店经销
2025 年 1 月第 1 版　　　　　　　　　　　　　　2025 年 1 月第 1 次印刷
开本：787×1092　1/16　　　　　　　　　　　　字数：329 千字
印张：14.25　　　　　　　　　　　　　　　　　定价：49.80 元

PREFACE 前言

制造业为人类创造了辉煌的物质文明，它是国民经济的基础和支柱。从本质上讲，机械制造工艺是现代制造业的基础。它不但广泛应用于制造业中，还丰富了制造业技术。掌握机械制造工艺的理论知识和实践技能已经成为相关工程技术人员必备的基本要求。为了培养满足这些要求的高素质技能型人才，我们精心编写了本书。

本书主要具有以下特色。

1. 立德树人，德技并修

党的二十大报告指出："育人的根本在于立德。"本书有机融入党的二十大精神，积极落实立德树人的思想。例如，在每个项目的开始设置了"知识目标""技能目标""素质目标"，明确了素质教育的任务，让学生有目的地学习；在每个项目相关知识的结尾设置了"铸魂逐梦"模块，让学生感受一线先进人物爱岗敬业、精益求精、勇于创新、淡泊名利、甘于奉献的时代精神，以点亮学生成长道路上的精神之灯，使其不断提升人格修养。

2. 校企合作，工学结合

在编写本书的过程中，编者充分考虑了机械制造相关岗位的实际需求，并走访了多位机械制造行业专家和一线工作人员，以企业工作岗位所需的知识和技能为出发点，将理论知识与岗位需求有机融合，力求让学生学以致用。

3. 活页理念，全新形态

本书采用活页理念、全新形态的项目式体例编写。每个项目按照"项目引入"→"项目工单"→"相关知识"→"项目实训"→"项目考核"→"项目评价"的顺序编排内容。

项目引入： 通过与本项目相关的生产案例、有趣故事等引出问题，让学生带着问题去学习，以激发学生的学习兴趣。

项目工单： 配套设计于每个项目中，贯彻落实"做中学、学中做"的项目教学改革理念。项目工单可以辅助学生制订工作计划，同时供学生记录实施内容及遇到的问题，有助于培养学生自主学习的意识和能力。

相关知识： 以"理论够用、实用为主"为原则，重点介绍机械制造工艺的理论知识和编制工艺文件的方法。

项目实训： 根据工作岗位所需的知识和技能灵活设置实训内容，如"识读阶梯轴的机械加工工艺文件""编制轴承套的机械加工工艺规程""编制齿轮传动组件的机械装配工艺规程"等，注重培养学生的实践能力，提高学生的技能水平。

项目考核： 通过设置与本项目相关的习题，使学生查漏补缺，巩固所学知识。

项目评价： 以表格形式，从知识、技能、素养三个方面对学生的学习成果进行评价，辅助指导教师进行过程考核，让学生了解自身当前的知识水平，以便指导学生提升技能。

4. **模块丰富，图文结合**

本书正文中设置了"小贴士""知识角""经验传承"等模块，以方便学生理解疑难知识，拓展相关知识，积累实践经验；设置了"课堂讨论"模块，以加强学生课堂互动，调动学生的积极性；设置了"笔记"模块，以引导学生在学习和实践过程中记录相关经验和感想，巩固学习成果。另外，本书还配有丰富、精美的原理示意图和实物照片，不仅可以帮助学生直观地理解相关知识，还可以增强教材的可读性。

5. **平台支撑，资源丰富**

本书配有丰富的数字资源，读者可以借助手机或其他移动设备扫描二维码观看微课视频，也可以登录文旌综合教育平台"文旌课堂"查看和下载本书配套资源，如教学课件、课后习题答案等。读者在学习过程中有任何疑问，都可以登录该平台寻求帮助。

此外，本书还提供了在线题库，支持"教学作业，一键发布"，教师只需通过微信或"文旌课堂"App扫描扉页二维码，即可迅速选题、一键发布、智能批改，并查看学生的作业分析报告，提高教学效率、提升教学体验。学生可在线完成作业，巩固所学知识，提高学习效率。

本书由刘绍忠、陈黎明担任主审，胡智清、王得胜、熊建武担任主编，张加锋、李博、谭补辉、吴伟、李新琼、孙哲担任副主编，参与编写的还有黄启红、胡幼华、刘磊、鲁荣峰、贺凌云、吴亚辉。

由于编者水平有限，书中难免存在疏漏或不当之处，敬请广大读者批评指正。

特别说明：

（1）本书引用的资料大部分已获授权，但由于部分资料来自网络，我们未能确认出处，也暂时无法联系到原作者。对此，我们深表歉意，并欢迎原作者随时与我们联系，我们将按规定支付酬劳。

（2）本书所选案例均来源于真实事件，但为了避免引起误会，部分人物使用了化名。

（3）本书没有注明资料来源的案例均为编者根据真实事件自编。

本书配套资源下载网址和联系方式

网址：https://www.wenjingketang.com
电话：400-117-9835
邮箱：book@wenjingketang.com

目录 CONTENTS

项目 1 机械加工工艺规程基础 1
项目引入 1
项目工单——识读零件的机械加工工艺文件 3
1.1 机械加工工艺规程的基础知识 7
    1.1.1 机械加工工艺过程概述 7
    1.1.2 生产纲领与生产类型 10
    1.1.3 机械加工工艺规程概述 12
1.2 机械加工工艺规程的编制 15
    1.2.1 分析零件结构工艺性 15
    1.2.2 选择毛坯 17
    1.2.3 选择定位基准 19
    1.2.4 拟定机械加工工艺路线 20
    1.2.5 确定加工余量及工序尺寸 25
    1.2.6 计算工艺尺寸链 30
    1.2.7 选择机床设备、工艺装备及切削用量 37
    1.2.8 进行机械加工工艺过程的技术经济分析 38
    1.2.9 填写工艺文件 40
项目实训——识读阶梯轴的机械加工工艺文件 41
项目考核 44
项目评价 46

项目 2 轴类零件机械加工工艺规程 47
项目引入 47
项目工单——编制轴类零件的机械加工工艺规程 49

2.1 轴类零件的基础知识 ·· 53
 2.1.1 轴类零件的功用及结构特点 ··· 53
 2.1.2 轴类零件的技术要求 ·· 53
 2.1.3 轴类零件的材料、毛坯及热处理 ·· 54
2.2 轴类零件的加工方法 ··· 55
 2.2.1 外圆车削 ··· 55
 2.2.2 外圆磨削 ··· 55
2.3 轴类零件常用的机床设备和刀具 ·· 57
 2.3.1 车床 ··· 58
 2.3.2 磨床 ··· 60
 2.3.3 车刀 ··· 62
 2.3.4 砂轮 ··· 68
2.4 轴类零件的装夹 ·· 71
 2.4.1 用自定心卡盘装夹 ··· 71
 2.4.2 用单动卡盘装夹 ·· 72
 2.4.3 用两顶尖装夹 ··· 72
 2.4.4 一夹一顶装夹 ··· 73
2.5 轴类零件的检测 ·· 74
 2.5.1 钢直尺的使用 ··· 74
 2.5.2 卡钳的使用 ·· 74
 2.5.3 游标卡尺的使用 ·· 75
 2.5.4 千分尺的使用 ··· 77
 2.5.5 百分表的使用 ··· 79
2.6 轴类零件的工艺分析 ··· 80
2.7 工作实践中常见问题分析 ··· 82
项目实训——编制阶梯轴的机械加工工艺规程 ·· 83
项目考核 ··· 86
项目评价 ··· 88

项目 3 套类零件机械加工工艺规程 ·· 89

项目引入 ··· 89
项目工单——编制套类零件的机械加工工艺规程 ··· 91
3.1 套类零件的基础知识 ··· 95
 3.1.1 套类零件的功用及结构特点 ··· 95
 3.1.2 套类零件的技术要求 ·· 95

3.1.3 套类零件的材料、毛坯及热处理 ··· 96
3.2 套类零件的加工方法 ··· 97
　　3.2.1 内圆的加工方法 ·· 97
　　3.2.2 内圆加工方法的选择 ·· 101
3.3 套类零件常用的机床设备和刀具 ··· 102
　　3.3.1 钻床 ··· 102
　　3.3.2 拉床 ··· 104
　　3.3.3 内孔车刀 ·· 105
　　3.3.4 麻花钻 ·· 106
　　3.3.5 扩孔钻 ·· 107
　　3.3.6 锪钻 ··· 108
　　3.3.7 铰刀 ··· 108
　　3.3.8 拉刀 ··· 110
3.4 套类零件的装夹 ··· 110
　　3.4.1 用外圆或外圆与端面定位装夹 ······································· 110
　　3.4.2 用已加工孔定位装夹 ·· 111
3.5 套类零件的检测 ··· 111
　　3.5.1 尺寸精度的检测 ··· 111
　　3.5.2 几何精度的检测 ··· 113
3.6 保证套类零件加工精度的措施 ·· 114
　　3.6.1 保证表面位置精度的主要措施 ······································· 114
　　3.6.2 防止工件变形的主要措施 ··· 116
3.7 套类零件的工艺分析 ·· 116
3.8 工作实践中常见问题分析 ··· 117
项目实训——编制轴承套的机械加工工艺规程 ······························ 119
项目考核 ·· 121
项目评价 ·· 123

项目 4　箱体类零件机械加工工艺规程 ·········· 125

项目引入 ·· 125
项目工单——编制箱体类零件的机械加工工艺规程 ······················ 127
4.1 箱体类零件的基础知识 ··· 131
　　4.1.1 箱体类零件的功用及结构特点 ······································· 131
　　4.1.2 箱体类零件的技术要求 ··· 132
　　4.1.3 箱体类零件的材料、毛坯及热处理 ································ 134

4.2 箱体类零件的加工方法 134
 4.2.1 平面加工方法 134
 4.2.2 孔系加工方法 138
4.3 箱体类零件常用的机床设备和刀具 143
 4.3.1 刨床 143
 4.3.2 铣床 144
 4.3.3 镗床 146
 4.3.4 刨刀 148
 4.3.5 铣刀 149
 4.3.6 镗刀 149
4.4 箱体类零件的装夹 150
 4.4.1 划线找正装夹 150
 4.4.2 简单定位元件装夹 150
 4.4.3 划线与简单定位元件配合使用装夹 151
 4.4.4 夹具装夹 151
4.5 箱体类零件的检测 151
 4.5.1 加工表面的表面粗糙度及外观检测 151
 4.5.2 孔的尺寸精度检测 151
 4.5.3 孔和平面的几何精度检测 151
4.6 箱体类零件的工艺分析 152
4.7 工作实践中常见问题分析 154
项目实训——编制变速箱的机械加工工艺规程 155
项目考核 158
项目评价 160

项目 5 齿轮类零件机械加工工艺规程 161

项目引入 161
项目工单——编制齿轮类零件的机械加工工艺规程 163
5.1 齿轮类零件的基础知识 167
 5.1.1 齿轮类零件的功用及结构特点 167
 5.1.2 齿轮类零件的技术要求 168
 5.1.3 齿轮类零件的材料、毛坯及热处理 169
5.2 齿轮类零件的加工方法 170
 5.2.1 成形法 170
 5.2.2 展成法 171

    5.2.3 齿轮类零件加工方法的选择 ·················· 174
  5.3 齿轮类零件常用的机床设备和刀具 ·················· 175
    5.3.1 滚齿机 ·················· 175
    5.3.2 插齿机 ·················· 176
    5.3.3 齿轮滚刀 ·················· 177
    5.3.4 插齿刀 ·················· 177
  5.4 齿轮类零件的检测 ·················· 178
    5.4.1 公法线千分尺的使用 ·················· 178
    5.4.2 齿厚游标卡尺的使用 ·················· 178
    5.4.3 齿圈径向跳动检查仪的使用 ·················· 179
  5.5 齿轮类零件的工艺分析 ·················· 179
  5.6 工作实践中常见问题分析 ·················· 181
  项目实训——编制双联齿轮的机械加工工艺规程 ·················· 183
  项目考核 ·················· 186
  项目评价 ·················· 187

项目6　机械装配工艺规程 ·················· 189

  项目引入 ·················· 189
  项目工单——编制机械装配工艺规程 ·················· 191
  6.1 机械装配工艺规程的基础知识 ·················· 195
    6.1.1 装配概述 ·················· 195
    6.1.2 装配尺寸链 ·················· 198
    6.1.3 装配方法 ·················· 200
  6.2 机械装配工艺规程的编制 ·················· 205
    6.2.1 机械装配工艺规程的编制原则 ·················· 205
    6.2.2 机械装配工艺规程的原始资料 ·················· 205
    6.2.3 机械装配工艺规程的编制步骤 ·················· 206
  项目实训——编制齿轮传动组件的机械装配工艺规程 ·················· 212
  项目考核 ·················· 213
  项目评价 ·················· 215

参考文献 ·················· 216

项目 1 机械加工工艺规程基础

▶ 项目引入

A厂是一家机械加工外包工厂,多年来一直在使用简式机械加工工艺规程来生产零件。由于该规程没有详细规定和说明零件加工时的工艺参数,加工过程中很多生产环节需要凭借工人的经验进行,因此该厂生产率低、经济效益差。于是,老板和工人商议重新编制工厂的机械加工工艺规程,来提升市场竞争力。

机械加工工艺规程是在总结工人和技术人员实践经验的基础上,依据科学的理论编制的,并通过生产过程的实践不断得到改进和完善。生产中只有有了机械加工工艺规程,生产秩序才能稳定,产品质量才有保证。那么,机械加工工艺规程怎么编制呢?有哪些要求呢?本项目主要介绍机械加工工艺规程的基础知识和编制方法,为编制简单零件的机械加工工艺规程,初步分析解决零件加工过程中的一般工艺问题打下必要的基础。

▶ 知识目标

- ◇ 了解机械加工工艺规程的基础知识。
- ◇ 掌握零件结构工艺性分析和毛坯、定位基准的选择方法。
- ◇ 掌握机械加工工艺路线的拟定方法。
- ◇ 掌握加工余量及工序尺寸的确定方法。
- ◇ 掌握工艺尺寸链的计算方法。
- ◇ 掌握机床设备、工艺装备及切削用量的选择方法。
- ◇ 熟悉机械加工工艺过程的技术经济分析方法。

▶ 技能目标

- ◇ 能够识读机械加工工艺文件。
- ◇ 能够编制简单零件的机械加工工艺规程。

▶ 素质目标

- ◇ 养成好学上进、拼搏创新、科学严谨的工作作风。
- ◇ 践行服从纪律、团结协作的团队精神。

项目工单 ——识读零件的机械加工工艺文件

1. 项目描述

指导教师根据实际情况,给出具体题目,如识读阶梯轴、传动轴等的机械加工工艺文件。

2. 学生分组

以 3~5 人为一组,选出组长并进行任务分工,将小组成员及任务分工填入表 1-1 中。

表 1-1 小组成员及任务分工

小组成员	姓名	任务分工
组长		
组员		

3. 小组讨论

在进行具体项目实施前,需要提前预习相关知识。请各组组长组织组员收集相关资料,讨论下列问题。

(1)什么是机械加工工艺规程?

(2)简述机械加工工艺规程的设计步骤。

（3）什么是零件结构工艺性？简述分析零件结构工艺性的目的。

（4）机械加工常用的毛坯有哪些？选择毛坯时应考虑哪些因素？

（5）按工序性质不同，零件的加工过程可分为哪些阶段？各阶段的任务是什么？

4. 制订计划

（1）制订工作计划，并将其填入表 1-2 中。

表 1-2　工作计划

序号	工作内容	负责人

（2）将实施过程中所需要的工具等填入表 1-3 中。

表 1-3　实施过程中所需要的工具

序号	名称	单位	数量	备注

5．进行决策

（1）每个小组成员阐述自己制订的工作计划。
（2）小组成员之间进行讨论，选出本组最佳工作计划。
（3）指导教师根据各组完成情况进行点评。

6．项目实施

根据本组最佳工作计划，将详细的识读过程、遇到的问题及解决办法、项目实施总结填入表 1-4 中。

表 1-4　项目实施记录表

项目名称	实施内容
识读机械加工工艺过程卡	

表 1-4（续）

项目名称	实施内容
识读机械加工工艺卡	
识读机械加工工序卡	
遇到的问题及解决办法	
项目实施总结	

1.1 机械加工工艺规程的基础知识

在编制机械加工工艺规程前,需要了解相关基础知识,如生产过程、工艺过程、机械加工工艺过程等概念,生产纲领与生产类型的确定方法,以及机械加工工艺规程的作用和形式等。

1.1.1 机械加工工艺过程概述

1. 生产过程与工艺过程

生产过程是指使原材料转变为成品的过程。它主要包括原材料的存储运输、生产准备、毛坯制造、机械加工、机械装配、质量检验和产品包装等。整个生产过程存在着物料流、信息流和能量流三大系统,如图 1-1 所示。其中,**物料流**是指原材料存储、运输、加工、装配、检验的过程;**信息流**是指生产过程中所用到各种信息的处理、传递、转换和利用的过程;**能量流**是指为生产活动提供动力能源的过程。

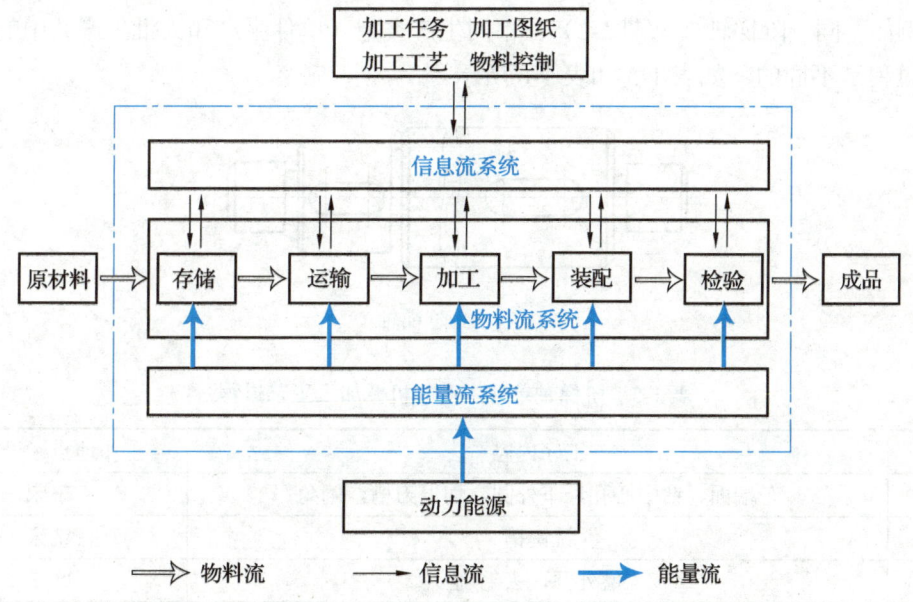

图 1-1 生产过程存在的三大系统

工艺过程是指生产过程中改变生产对象的形状、尺寸、性质和相对位置等,使其成为成品或半成品的过程。它可分为铸造、锻造、冲压、焊接、机械加工、热处理、装配等工艺过程。工艺过程是生产过程的主体,直接影响产品质量。

2. 机械加工工艺过程的组成

机械加工工艺过程是指机械加工车间采用机械加工方法，直接改变毛坯的形状、尺寸、表面质量和性能等，使其成为合格零件的过程。在机械加工工艺过程中，根据被加工零件的结构特点和技术要求，在不同的生产条件下，需要采用不同的机械加工方法和工艺装备，按照一定的顺序才能完成由毛坯到零件的转变过程。机械加工工艺过程由一个或若干个按顺序排列的工序组成，而工序又由安装、工位、工步和走刀组成。

> **小贴士**
> 机械加工工艺过程是工艺过程的一种，工艺过程是生产过程的一部分。

1) 工序

工序是指一个工人或一组工人在一台机床上或一个工作地点，对同一个工件或同时对几个工件连续完成的那一部分机械加工工艺过程。工序是机械加工工艺过程的基本组成单元。

工作地点、工人、零件和连续作业是构成工序的四个要素，任何一个要素发生改变都会成为新的工序。其中，**连续作业**是指在某一工序内的全部工作要不间断地接连完成。一个机械加工工艺过程包括哪些工序，由被加工零件的结构复杂程度、加工要求及生产类型决定。例如，同一阶梯轴（见图 1-2）在不同生产类型（单件生产和大批生产）中的机械加工工艺过程是不同的，如表 1-5 和表 1-6 所示。

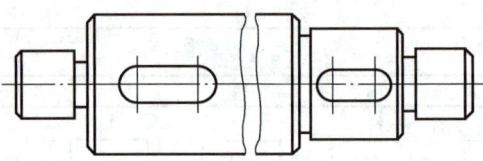

图 1-2 阶梯轴

表 1-5 阶梯轴单件生产的机械加工工艺过程

工序号	工序内容	工作地点（设备）
1	车端面、钻中心孔，车外圆，切退刀槽，倒角	车床
2	铣键槽	铣床
3	磨外圆，去毛刺	磨床

表 1-6 阶梯轴大批生产的机械加工工艺过程

工序号	工序内容	工作地点（设备）
1	铣端面、钻中心孔	专用机床
2	粗车外圆	车床
3	精车外圆，切退刀槽，倒角	车床

表 1-6（续）

工序号	工序内容	工作地点（设备）
4	铣键槽	铣床
5	磨外圆	磨床
6	去毛刺	钳工台

2）安装

安装是指工件经一次装夹后所完成的那一部分工序。在一个工序中，工件可能被安装一次或多次后才能完成加工。工序 2、工序 3 和工序 5（见表 1-6）中必须经过两次安装才能完成工序的全部内容。可见，安装是工序的一部分，但在一个工序中应尽量减少安装次数，以免增加辅助时间及安装误差。

> **知识角**
>
> 工件在加工前，确定工件在机床上或夹具中位置正确的过程称为定位。工件定位后将其固定，使其在加工过程中保持定位位置不变的操作称为夹紧。将工件在机床上或夹具中定位、夹紧的过程称为装夹。

3）工位

为了减少工件的安装次数，人们常采用各种回转工作台、回转夹具或移动夹具，使工件在一次安装中先后处于几个不同的位置进行加工。工位是指工件相对于机床或刀具每占据一个加工位置所完成的那部分工序。

4）工步

工步是指在加工表面不变、加工工具不变、切削用量不变（简称"三个不变"）的条件下所连续完成的那部分工序。

连续进行的几个相同工步，如在法兰上依次钻多个同样尺寸的孔，习惯上看作一个工步，称为连续工步，如图 1-3（a）所示。用几把刀具（或用复合刀具）同时加工几个不同的表面，也可以看作一个工步，称为复合工步，如图 1-3（b）所示。

（a）连续工步　　　　　　　　　　　　（b）复合工步

图 1-3　工步

5）走刀

在一个工步内，若要切除的金属层较厚，则需要分几次切削，每次切削就是一次走刀（也称进给或工作行程）。走刀是构成机械加工工艺过程的最小单元。

> **小贴士**
>
> 工序、安装、工位、工步与走刀之间的关系如图1-4所示。
>
>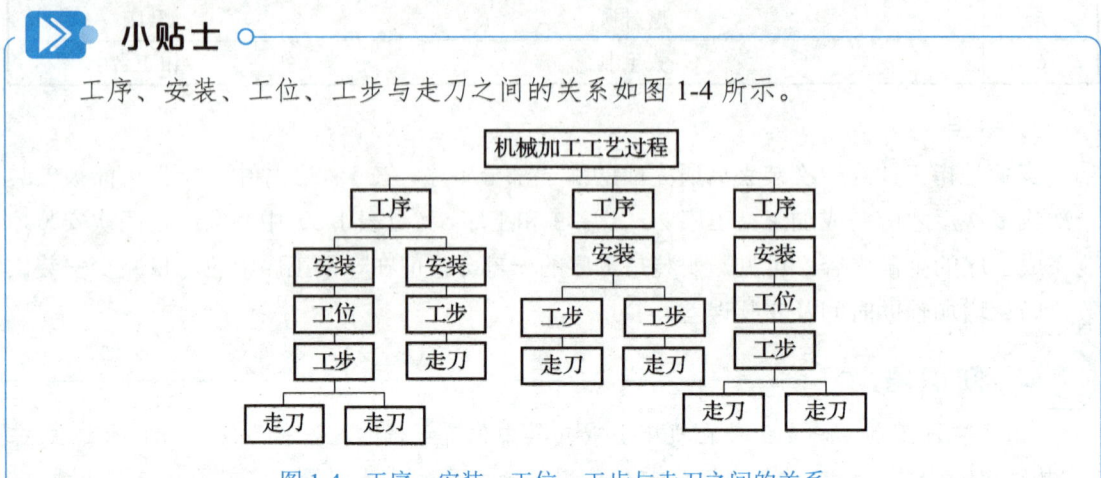
>
> 图1-4 工序、安装、工位、工步与走刀之间的关系

1.1.2 生产纲领与生产类型

生产纲领对工厂的生产过程、工艺方法和生产组织起决定性作用，直接影响所生产产品是否优质、高产、低消耗。编制零件的机械加工工艺规程前，还需要确定零件的生产纲领。

1. 生产纲领

生产纲领是指企业在计划期内应当生产产品的产量和进度计划，通常由企业根据产品的市场需求和自身的生产能力来确定。产品的生产纲领就是产品的生产量。生产纲领通常还包括一定数量的备品和废品。零件生产纲领的计算公式为

$$N = Qn(1+\alpha)(1+\beta) \tag{1-1}$$

式中：

N——零件的生产纲领（件/年）；

Q——产品的年产量（台/年）；

n——每台产品中零件的数量（件/台）；

α——零件的备品率；

β——零件的废品率。

生产纲领决定了产品的生产类型，是机械加工工艺规程设计和修改的重要依据。

2. 生产类型

生产类型是指按企业（或车间、工段、班组、工作地）生产专业化程度划分的类别。

它一般分为单件生产、成批生产和大量生产三种，如表 1-7 所示。其中，成批生产又分为小批生产、中批生产和大批生产。

表 1-7　生产类型的划分

生产类型		生产纲领/（件·年$^{-1}$）		
		轻型零件（质量≤15 kg）	中型零件（质量>15~50 kg）	重型零件（质量>50 kg）
单件生产		≤100	≤20	≤5
成批生产	小批生产	>100~500	>20~200	>5~100
	中批生产	>500~5 000	>200~500	>100~300
	大批生产	>5 000~50 000	>500~5 000	>300~1 000
大量生产		>50 000	>5 000	>1 000

1）**单件生产**

单件生产是指单个或少量重复生产某一产品的生产过程。例如，重型机器、专用设备的制造或新产品试制等都属于单件生产。

2）**成批生产**

成批生产是指分批生产相同产品的生产过程。例如，普通机床、纺织机械等的制造多属于成批生产。

3）**大量生产**

大量生产是指常年重复生产相同产品的生产过程。例如，汽车轴承、自行车等的制造多属于大量生产。

上述生产类型的工艺特点如表 1-8 所示。由于单件生产和小批生产的工艺特点类似，因此二者常合称为**单件小批生产**；由于大批生产和大量生产的工艺特点类似，因此二者常合称为**大批大量生产**。

表 1-8　各生产类型的工艺特点

工艺项目	工艺特点				
	单件生产	成批生产			大量生产
		小批生产	中批生产	大批生产	
加工对象	经常变换		周期性变换		固定不变
毛坯及加工余量	采用自由锻造、木模手工造型；毛坯精度低，加工余量大		部分采用模锻、金属模造型；毛坯精度及加工余量中等		广泛采用模锻、机器造型；毛坯精度高，加工余量小
机床设备及其布置形式	多数采用通用机床，部分采用数控机床；按机床类别采用机群式布置		将通用机床和数控机床结合；按工件类别分工段布置		广泛采用高效专用机床及自动机床；按自动线或专用机床流水线布置

表 1-8（续）

工艺项目	工艺特点			
	单件生产	成批生产		大量生产
		小批生产	中批生产	大批生产	
夹具及尺寸保证	采用通用夹具、标准附件或者组合夹具；划线试切保证尺寸		采用通用夹具、专用夹具或者成组夹具；定程保证尺寸	采用高效专用夹具；定程及自动测量保证尺寸
刀具、量具	通用刀具、量具		专用或标准刀具、量具	高效专用刀具、量具
零件的互换性	配对制造，互换性低，多采用钳工修配		多数互换，部分试配或修配	全部互换，高精度偶件采用分组装配、配磨
工艺文件的要求	编制反映工序顺序的机械加工工艺过程卡		编制较为详细的工艺卡及关键工序的机械加工工序卡	编制详细的机械加工工艺卡及机械加工工序卡
生产率	用传统加工方法，生产率低，用数控机床加工可提高生产率		中等	高
成本	较高		中等	低
对工人技术能力的要求	需要技术熟练的工人		需要技术较为熟练的工人	对操作工人的技术要求较低，对调整工人的技术要求较高
发展趋势	采用成组工艺、数控机床、加工中心及柔性制造单元		采用成组工艺、柔性制造系统或柔性自动线	采用计算机控制的自动化制造系统、车间或无人工厂，实现自适应控制

1.1.3 机械加工工艺规程概述

机械加工工艺规程是规定产品或零件机械加工工艺过程和操作方法等的工艺文件。它是在具体的生产条件下，按照规定的形式，把最合理或较合理的机械加工工艺过程和操作方法书写成工艺文件，经过审批后用来指导生产的。机械加工工艺规程包括零件的加工路线，工序的具体内容，工件的检验项目、检验方法、切削用量及工时定额等内容。

机械加工工艺规程是在长期总结生产实践经验的基础上，依据科学理论和必要的工艺实验而制订的，并通过生产实践不断得到改进和完善，其具体作用和形式如下。

1. 机械加工工艺规程的作用

（1）机械加工工艺规程是指导生产的重要技术文件。

机械加工车间的生产计划和调度、工人的操作、零件的加工质量检验、生产成本的核算等，都是以机械加工工艺规程为依据的。处理生产中的问题，也常以机械加工工艺规程为依据。例如，处理质量事故，应按机械加工工艺规程来确定各有关单位、人员的责任。

（2）机械加工工艺规程是生产准备与生产组织工作的主要依据。

产品投产前，应根据机械加工工艺规程进行相关生产准备与生产组织工作，如原材料的调配、通用工艺装备的准备、专用工艺装备的设计和制造、作业计划的编排和劳动力的组织等。

（3）机械加工工艺规程是新建或扩建工厂或车间的基本资料。

新建或扩建工厂或车间时，应根据机械加工工艺规程来确定所需设备的品种、规格、数量及其在车间的布置，并由此确定车间的面积，以及生产工人的工种、等级及数量等。

2．机械加工工艺规程的形式

零件的加工难度和生产类型不同，其机械加工工艺过程的复杂程度不同，机械加工工艺规程的形式也不同。常用的机械加工工艺规程有机械加工工艺过程卡、机械加工工艺卡、机械加工工序卡三种形式。

1）机械加工工艺过程卡

机械加工工艺过程卡（简称工艺过程卡）是指以工序为单位，简要说明产品或零件加工过程的工艺文件，如表1-9所示。在简单零件的单件小批生产中，通常不编制其他较为详细的工艺文件，而以这种卡片指导生产。

表1-9　工艺过程卡

（工厂名）	机械加工工艺过程卡	产品型号		零件图号			
		产品名称		零件名称		共　页	第　页
材料牌号		毛坯种类	毛坯外形尺寸	每毛坯可制件数	每台件数	备注	
工序号	工序名称	工序内容	车间	工段	设备	工艺装备	工时
							准终	单件
设计（日期）		校对（日期）			审核（日期）		

2）机械加工工艺卡

机械加工工艺卡（简称工艺卡）是指以工序为单位，详细说明产品或零件加工过程的工艺文件，如表1-10所示。工艺卡可以用来指导工人生产，帮助管理人员和技术人员掌握整个零件加工的过程，适用于成批生产及复杂零件的单件小批生产。

表 1-10 工艺卡

（工厂名）	机械加工工艺卡	产品型号		零件图号			
		产品名称		零件名称		共 页	第 页

材料牌号		毛坯种类		毛坯外形尺寸		每毛坯可制件数		每台件数		备注	
工序	安装	工步	工序内容	同时加工数	工艺参数				设备	工艺装备	工时
					主轴转速/ (r·min⁻¹)	切削速度/ (m·min⁻¹)	进给量/ (mm·r⁻¹)	切削深度/ mm			准终 | 单件
设计（日期）			校对（日期）			审核（日期）					

3）机械加工工序卡

机械加工工序卡（简称**工序卡**）是指在工艺过程卡和工艺卡的基础上，为每道工序所编制的工艺文件，如表 1-11 所示。它一般含有工序简图，并详细说明每个工步的加工内容、工艺参数以及所用设备和工艺装备等，用以具体指导工人进行操作，其内容比工艺卡更详细。

表 1-11 工序卡

（工厂名）	机械加工工序卡	产品型号		零件图号			
		产品名称		零件名称		共 页	第 页
工序简图：		车间	工序号	工序名称		材料编号	
		毛坯种类	毛坯外形尺寸	每毛坯可制件数		每台件数	
		设备名称	设备型号	设备编号		同时加工数	
		夹具编号		夹具名称		切削液	
		工位器具编号		工位器具名称		工序工时	
						准终	单件

项目 1 机械加工工艺规程基础

表 1-11（续）

工步号	工步内容	工艺装备	主轴转速/(r·min^{-1})	切削速度/(m·min^{-1})	进给量/(mm·r^{-1})	切削深度/mm	走刀次数	工步工时	
								机动	辅助
设计（日期）			校对（日期）			审核（日期）			

1.2 机械加工工艺规程的编制

工艺技术人员在编制零件的机械加工工艺规程时，可按如下步骤进行：① 分析零件结构工艺性；② 选择毛坯；③ 选择定位基准；④ 拟订机械加工工艺路线；⑤ 确定加工余量及工序尺寸；⑥ 计算工艺尺寸链；⑦ 选择机床设备、工艺装备及切削用量；⑧ 进行机械加工工艺过程的技术经济分析；⑨ 填写工艺文件。

经验传承

机械加工工艺规程的编制原则

（1）应保证产品加工质量达到设计图样上规定的各项技术要求，这是编制机械加工工艺规程应首先考虑的问题。

（2）在保证加工质量的前提下，应尽可能提高生产率，减少能源和材料消耗，降低生产成本。

（3）在充分利用现有生产条件的基础上，应尽可能采用国内外先进工艺技术和经验。

（4）尽可能减轻工人的劳动强度，保证生产安全，创造良好、文明的劳动条件，并避免污染环境。

（5）机械加工工艺规程应正确、完整、统一和清晰，其编号及所用术语、符号、计量单位和代号等都要符合相应标准。

1.2.1 分析零件结构工艺性

零件结构工艺性是指零件在满足设计功能和精度要求的前提下，其制造的可行性和经济性。它体现在毛坯制造、热处理、切削加工和装配等各个生产制造阶段，而且不同的生产类型和生产条件对零件结构工艺性的要求不同。因此，必须根据具体的情况，对零件结构工艺性进行全面综合分析。

为了改善零件机械加工的工艺性，在结构设计时应注意以下问题。

（1）尽量采用标准化参数。对于孔径、锥度、螺距、模数等参数，应尽量选用有关标准推荐的数值，这样可使用标准刀具和量具，以减少专用刀具和量具的设计与制造。零件的结构要素应尽可能统一，以减少刀具和量具的种类，减少换刀次数。

（2）要保证加工的可行性和方便性，加工表面应有利于刀具的进入和退出。

（3）加工表面形状尽量简单，便于加工，并尽可能将其布置在同一表面或同一轴线上，以减少工件装夹、刀具调整及走刀次数，有利于提高加工效率。

（4）零件的结构应便于工件装夹，并有利于增加工件或刀具的刚度。

（5）有位置精度要求的有关表面，需要尽可能地在一次装夹中加工完，因此要求有合适的定位基准面。

（6）尽可能减轻零件质量，减少加工表面面积，并尽量减少内表面加工。

（7）零件的结构尽可能有利于提高生产率。

（8）合理地采用零件组合，以便于零件的加工。

（9）在满足零件使用性能的条件下，对零件的尺寸、形状、位置精度与表面粗糙度的要求应经济合理。

（10）零件尺寸的标注应考虑最短尺寸链原则，并且符合基准重合原则，使加工、测量、装配更加方便。

（11）零件的结构应与先进的加工工艺方法相适应。

分析零件结构工艺性时，应及时发现零件结构的不合理之处，以便及时修改。表 1-12 列出了在常规工艺条件下一些零件结构工艺性对比实例。

表 1-12　零件结构工艺性对比实例

序号	工艺性内容	不合理的结构	合理的结构	说明
1	加工表面面积尽量小			① 减少加工量 ② 减少刀具及材料的消耗
2	钻孔的入端和出端应避免出现斜面			① 避免钻头折断 ② 提高生产率 ③ 保证加工精度
3	槽宽应一致			① 减少换刀次数 ② 提高生产率
4	键槽应布置在同一方向			① 减少调整次数 ② 保证位置精度

表 1-12（续）

序号	工艺性内容	不合理的结构	合理的结构	说明
5	孔的位置不能距离壁太近			① 可以采用标准刀具 ② 保证加工精度
6	槽的底面不应与其他加工表面重合			① 便于加工 ② 避免损伤加工表面
7	螺纹根部应有退刀槽			① 避免损伤刀具 ② 提高生产率
8	凸台表面应位于同一平面上			① 提高生产率 ② 保证加工精度
9	轴上两相接精加工表面间应设刀具越程槽			① 提高生产率 ② 保证加工精度

1.2.2 选择毛坯

毛坯的选择是否合适，对零件质量、材料消耗及加工工时都有很大的影响。高精度的毛坯虽然可以减少机械加工的工作量和材料消耗，降低加工成本，但是毛坯的生产成本被提高了。因此应根据生产纲领，综合考虑毛坯制造和机械加工的成本来选择毛坯，以得到最佳经济效益。

常用毛坯的特点和毛坯的选择原则

1. 影响毛坯选择的因素

机械加工常用的毛坯有铸件、锻件和型材等，选择时应考虑以下因素。

（1）零件的材料及力学性能要求。毛坯的制造方法由材料的工艺特性决定。材料的工艺特性和力学性能大致决定了毛坯的种类。例如，材料为铸铁和非铁金属时，只能选择铸件；为使重要的钢质零件获得良好的力学性能，应选择锻件；形状简单及力学性能要求不太高时，可选择型材。

（2）零件的结构与大小。大型且结构简单的零件毛坯应选择砂型铸造、自由锻造或焊接；结构复杂的零件毛坯应选择铸造；小型零件毛坯应选择模锻或压力铸造。

（3）生产纲领的大小。当大批大量生产时，应选择精度和生产率较高的毛坯制造方法，如模锻、金属型机器造型铸造和精密铸造等；当单件小批生产时，应选择精度和生产率较低的毛坯制造方法，如木模手工铸造、自由锻造等。

（4）现有生产条件。选择毛坯时，必须考虑具体的生产条件，如现有毛坯制造水平、外协的可能性等。

（5）新工艺、新材料。为节约材料和能源、提高生产率，应充分考虑精铸、精锻、冷轧、冷挤压、粉末冶金、异型钢材和工程材料等在机械加工中的应用，这样可大大减少机械加工量甚至不需要加工，大大提高经济效益。

2. 毛坯的形状与尺寸

毛坯的形状与尺寸基本上取决于零件的形状、尺寸及技术要求。毛坯的形状与尺寸应尽量与零件接近，从而实现少无切削加工。由于现有毛坯制造技术及成本的限制，以及机电产品性能对零件加工精度和表面质量的要求越来越高，因此毛坯的某些表面需要留有一定的加工余量，以便通过机械加工使零件达到技术要求。

知识角

少无切削加工

无切削加工是指金属坯料经铸造、锻压或其他金属加工方法直接得到制件，不再需要切削加工的工艺方法。少切削加工是指通过无切削加工尚需要进行少量切削加工的工艺方法。这两种用精确成形方法制造零件的工艺方法合称为少无切削加工（也称少无切屑加工）。

少无切削加工包括精密锻造、冲压、精密铸造、粉末冶金、工程塑料的压塑和注塑等。型材改制有时也被归入少无切削加工。少无切削加工能实现多种冷热工艺综合交叉、多种材料复合选用，把材料与工艺有机地结合起来，节约了材料、设备和人力，具有显著的经济效益，是目前机械制造工业的发展方向之一。

3. 毛坯图的绘制

在确定了毛坯的形状和尺寸后，还应绘制毛坯图（见图1-5），使其作为毛坯制造单位的产品图样。绘制毛坯图时应考虑毛坯制造、机械加工和热处理等多方面工艺因素的影响，如铸件和锻件上的孔和法兰等的最小铸出或锻出条件，铸件和锻件表面的起模斜度（拔模斜度）和圆角，以及分型面和分模面的位置等，并用双点画线表示出零件的表面，以区别加工表面和非加工表面。绘制毛坯图的步骤如下：

（1）用双点画线绘制零件的主要外形。
（2）用粗实线绘制毛坯的外形。
（3）标注毛坯的尺寸及公差，同时标注零件的尺寸（加圆括号）。

（4）标注加工部位。

（5）标注技术要求。

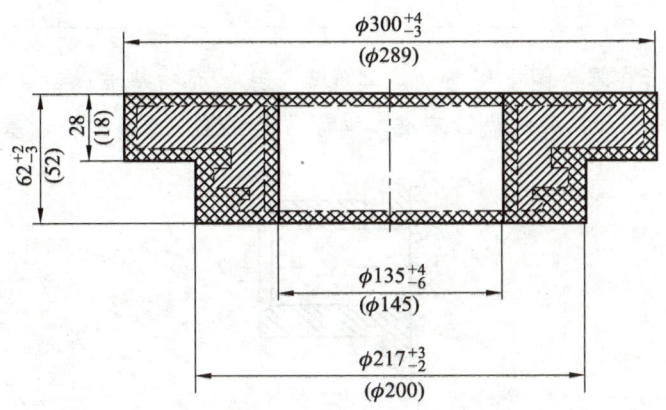

图 1-5　齿轮锻件的毛坯图

1.2.3　选择定位基准

在零件的制造过程中，用来确定生产对象上某些点、线、面的位置时所依据的那些点、线、面就是基准。用来确定工件在机床上或夹具中正确位置的基准称为**定位基准**。定位基准可分为粗基准和精基准：**粗基准**是指用毛坯上未加工过的表面作的定位基准；**精基准**是指用已经加工过的表面作的定位基准。

工件定位

合理选择定位基准对零件的加工精度（特别是位置精度）有着决定性影响。在编制机械加工工艺规程时，应首先考虑选择怎样的精基准，然后再考虑选择怎样的粗基准，并把作为精基准的表面加工出来。

1. 精基准的选择

选择精基准时应保证零件的加工精度，特别是保证加工表面的位置精度，还应兼顾工件装夹和夹具结构。因此，精基准的选择应遵循以下原则。

（1）基准重合原则。尽可能选用设计基准作为精基准，以避免基准不重合误差。

（2）基准统一原则。尽可能选用同一组定位基准作为精基准，以加工出尽可能多的表面，避免基准位移误差。

（3）互为基准原则。当对工件上两个位置精度要求很高的表面进行加工时，需要这两个表面互为基准，反复进行加工，以保证位置精度要求。

（4）自为基准原则。有些精加工或光整加工工序的加工余量小而均匀，在加工时应尽量选择加工表面本身作为精基准，而该表面与其他表面之间的位置精度则由已完成工序保证。

（5）便于装夹原则。有多种定位方案可供选择时，还应考虑相应的夹具设计和人工操作，保证足够的装夹刚度，使工件变形尽量小，使装夹表面尽量靠近加工面，减少切削力产生的力矩。

> **知识角**
>
> 设计基准是指在零件图上用来确定其他点、线、面的基准。钻套（见图1-6）中轴心线 O—O 是各外圆和内孔的设计基准，端面 A 是端面 B、C 的设计基准。
>
>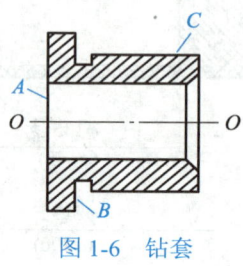
>
> 图1-6 钻套

2．粗基准的选择

选择粗基准时，应保证加工表面与非加工表面之间的位置精度，合理分配加工余量，并注意要尽快获得精基准。因此，粗基准的选择应遵循以下原则。

（1）保证相互位置要求原则。如果必须要保证工件上加工表面与非加工表面之间的位置精度，则应以非加工表面作为粗基准。如果在工件上有多个不需要加工的表面，则应以其中与加工表面有较高位置精度要求的表面作为粗基准。

（2）重要表面原则。为保证重要表面的加工余量均匀，应选择重要表面作为粗基准。

（3）最小加工余量原则。当工件上有多个表面要加工时，应以加工余量最小的表面作为粗基准，以保证各加工表面有足够的加工余量。

（4）便于装夹原则。选作粗基准的表面应尽量平整光洁并具有一定面积，以使工件定位可靠、夹紧方便。

（5）不重复使用原则。如果粗基准表面粗糙、精度低，在第二次安装时，其在机床上（或夹具中）的实际位置可能与第一次安装时不一样，从而产生定位误差，导致相应的加工表面出现较大的位置误差。因此，粗基准一般不重复使用。

> **小贴士**
>
> 实际上，无论是精基准还是粗基准的选择，上述原则都不可能同时满足，有时甚至互相矛盾。因此，在选择时应根据具体情况进行分析，权衡利弊，保证主要要求。

1.2.4 拟定机械加工工艺路线

拟订机械加工工艺路线是编制机械加工工艺规程的关键步骤，拟订得是否合理直接影响机械加工工艺规程的合理性、科学性和经济性。拟订的主要任务包括加工方法的选择、加工阶段的划分、工序的安排和工序内容的组合。

1. 加工方法的选择

拟订零件的机械加工工艺路线时，首先要根据零件的加工精度和表面粗糙度要求，选定加工方法；然后选定各工序、各工步的加工方法，使零件由粗到精逐步达到加工要求。选择加工方法时应遵循以下原则。

（1）所选加工方法的加工经济精度要与零件各个加工表面的加工精度和表面粗糙度要求相适应。加工经济精度是指在正常加工条件（指设备、工艺装备、工人技术等都无特殊要求）下所能保证的加工精度。表 1-13 至表 1-15 分别列出了外圆、孔、平面的加工方法，供选择加工方法时参考。

表 1-13　外圆加工方法

加工方法		加工经济精度	表面粗糙度 $Ra/\mu m$	加工方法		加工经济精度	表面粗糙度 $Ra/\mu m$
车	粗车	IT12～IT13	10～80	外磨	精密磨	IT5～IT6	0.08～0.32
	半精车	IT10～IT11	2.5～10		镜面磨	IT5	0.008～0.08
	精车	IT7～IT8	1.25～5	抛光		—	0.008～1.25
	金刚石车	IT5～IT6	0.005～1.25	研磨	粗研	IT5～IT6	0.16～0.63
铣	粗铣	IT12～IT13	10～80		精研	IT5	0.04～0.32
	半精铣	IT11～IT12	2.5～10		精密研	IT5	0.008～0.08
	精铣	IT8～IT9	1.25～5	超细加工	精	IT5	0.08～0.32
车槽	一次行程	IT11～IT12	10～20		精密	IT5	0.01～0.16
	二次行程	IT10～IT11	2.5～10	砂带磨	精磨	IT5～IT6	0.02～0.16
外磨	粗磨	IT8～IT9	1.25～10		精密磨	IT5	0.008～0.04
	半精磨	IT7～IT8	0.63～2.5	滚压		IT6～IT7	0.16～1.25
	精磨	IT6～IT7	0.16～0.25				

表 1-14　孔加工方法

加工方法		加工经济精度	表面粗糙度 $Ra/\mu m$	加工方法		加工经济精度	表面粗糙度 $Ra/\mu m$
钻	ϕ15 mm 以下	IT11～IT13	5～80	镗	粗镗	IT12～IT13	5～20
	ϕ15 mm 以上	IT10～IT12	20～80		精镗（浮动镗）	IT7～IT9	0.63～5
扩	粗扩	IT12～IT13	5～20				
	一次扩孔（铸孔或冲孔）	IT11～IT13	10～40		金刚镗	IT5～IT7	0.16～1.25
				内磨	粗磨	IT9～IT11	1.25～10
	精扩	IT9～IT11	1.25～10		半精磨	IT9～IT10	0.32～1.25

表 1-14（续）

加工方法		加工经济精度	表面粗糙度 Ra/μm	加工方法		加工经济精度	表面粗糙度 Ra/μm
铰	半精铰	IT8～IT9	1.25～10	内磨	精磨	IT7～IT8	0.08～0.63
	精铰	IT6～IT7	0.32～2.5		精密磨（精修整砂轮）	IT6～IT7	0.04～0.16
	手铰	IT5	0.08～1.25				
拉	粗拉	IT9～IT10	1.25～5	珩	粗珩	IT5～IT6	0.16～1.25
	一次拉孔（铸孔或冲孔）	IT10～IT11	0.32～2.5		精珩	IT5	0.04～0.32
	精拉	IT7～IT9	0.16～0.63	研磨	粗研	IT5～IT6	0.16～0.63
推	半精推	IT6～IT8	0.32～1.25		精研	IT5	0.04～0.32
					精密研	IT5	0.008～0.08
	精推	IT6	0.08～0.32	滚压	—	IT6～IT8	0.01～1.25

表 1-15 平面加工方法

加工方法		加工经济精度	表面粗糙度 Ra/μm	加工方法		加工经济精度	表面粗糙度 Ra/μm
周铣	粗铣	IT11～IT13	5～20	平磨	粗磨	IT8～IT10	1.25～10
	半精铣	IT8～IT11	2.5～10		半精磨	IT8～IT9	0.63～2.5
	精铣	IT6～IT8	0.63～5		精磨	IT6～IT8	0.16～1.25
端铣	粗铣	IT11～IT13	5～20		精密磨	IT6	0.04～0.32
	半精铣	IT8～IT11	2.5～10	刮 (25×25) mm² 内点数		IT8～IT10	0.63～1.25
	精铣	IT6～IT8	0.63～5			IT10～IT13	0.32～0.63
车	半精车	IT8～IT11	2.5～10			IT13～IT16	0.16～0.32
	精车	IT6～IT8	1.25～5			IT16～IT20	0.08～0.16
	细车（金刚石车）	IT6～IT7	0.008～1.25			IT20～IT25	0.04～0.08
刨	粗刨	IT11～IT13	5～20	研磨	粗研	IT6	0.16～0.63
	半精刨	IT8～IT11	2.5～10		精研	IT5	0.04～0.32
	精刨	IT6～IT8	0.008～5		精密研	IT5	0.008～0.08
	宽刀精刨	IT6	0.16～1.25	砂带磨	精磨	IT5～IT6	0.04～0.32
插	—	—	2.5～20		精密磨	IT5	0.008～0.04
拉	粗拉（铸造或冲压表面）	IT10～IT11	5～20	滚压	—	IT7～IT10	0.16～2.5
	精拉	IT6～IT9	0.32～2.5	抛光	—	—	0.008～1.25

（2）加工方法要与零件材料的切削加工性相适应。例如，淬火钢的硬度较高，应采用磨削加工；有色金属材料的硬度较低，采用磨削进行精加工容易使砂轮堵塞，应采用精车或精镗加工。

(3) 加工方法要与零件的生产类型相适应。例如，大批大量生产时，应采用高效的机床设备和先进的加工方法；单件小批生产时，应采用通用机床和常规的加工方法。

(4) 加工方法要与企业现有生产条件相适应。所选加工方法要尽量符合本企业现有的设备状况和工艺手段。此外，应注意不断对原有设备进行改造，重视新技术，提高工艺水平。

2. 加工阶段的划分

零件的机械加工工艺过程通常可划分为粗加工阶段、半精加工阶段、精加工阶段及光整加工和超精密加工阶段。对于一般精度零件，其机械加工工艺过程可划分为粗加工、半精加工和精加工三个阶段；对于精度要求较高的零件，还需要安排光整加工和超精密加工阶段。

1) 各加工阶段的主要任务

(1) 粗加工阶段。尽快切除各加工表面的大部分加工余量，使各加工表面尽可能接近图样尺寸。此阶段的关键问题是如何提高生产率。

(2) 半精加工阶段。消除粗加工阶段留下的误差，使加工表面达到一定的精度，为主要表面的精加工做好准备，并完成一些次要表面的加工（如钻孔、攻螺纹和铣键槽等）。

(3) 精加工阶段。完成各主要加工表面的最终加工，使零件加工质量达到图样规定的要求。此阶段的主要问题是如何保证加工质量。

(4) 光整加工和超精密加工阶段。该阶段可进一步降低表面粗糙度，提高加工表面的尺寸精度和形状精度，但一般不用以纠正位置精度。

经验传承

加工阶段的划分是相对于零件加工的整个过程而言的，不能以某一表面的加工或某一工序的性质来进行。在具体应用时，加工阶段的划分也不可以绝对化。对于一些重型零件或加工余量、精度不高的零件加工，可不划分加工阶段，而在一次工序中完成表面的粗加工和精加工工作。

2) 加工阶段的划分原因

之所以划分加工阶段，主要是出于以下几方面原因。

(1) 易于保证加工质量。粗加工的加工余量和切削变形很大，工件会出现较大的加工误差，通过半精加工和精加工，加工误差可逐步减小，以保证加工质量。

(2) 便于及时发现毛坯缺陷。粗加工切除了工件表面的大部分余量，可及时发现毛坯的缺陷（如砂眼、气孔等），及早采取补救措施或决定报废，避免盲目加工而浪费工时。

(3) 便于合理安排热处理工序，使冷、热工序更好地配合，避免工件变形。

(4) 可以合理地配置人力和物力资源。根据粗、精加工阶段不同的特点和要求，对设备、工艺装备和操作工人等进行合理配置，使其充分发挥各自特长，且利于保持机床的精度和延长机床的使用寿命。

3. 工序的安排

零件的工序包括机械加工工序、热处理工序和辅助工序。在拟订机械加工工艺路线时必须将三者统筹考虑，合理安排。

1）机械加工工序的安排

安排机械加工工序时，一般应遵循以下原则。

（1）先粗后精原则。零件分阶段进行加工时一般应遵循"先粗后精"的加工顺序，即先进行粗加工，中间安排半精加工，最后安排精加工和光整加工。

（2）先主后次原则。零件加工时先安排设计基准面和主要表面的加工，后安排螺纹孔、键槽等次要表面的加工。次要表面和主要表面之间通常有相互位置的要求，因此一般要在主要表面达到一定精度后，再以主要表面定位来加工次要表面。

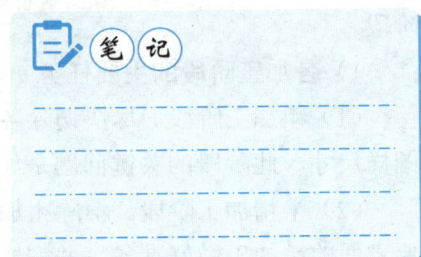

（3）基准先行原则。确定为精基准的表面应安排在起始工序进行加工，以便尽快为后面工序的加工提供定位基准。

（4）先面后孔原则。对于箱体类零件，其主要表面是孔和平面，一般先以主要孔为粗基准加工平面，再以平面为精基准加工孔，以满足平面和孔的位置精度要求。

2）热处理工序的安排

热处理可以提高工件材料的力学性能，改善其切削加工性及消除残余应力。在拟订机械加工工艺路线时，应根据零件的技术要求和材料的性质合理安排热处理工序。热处理一般可分为预备热处理、最终热处理、时效处理和表面处理。

（1）预备热处理。预备热处理的主要目的在于改善切削性能，消除内应力。预备热处理常被安排在机械加工前，常用方法有退火、正火和调质等。

（2）最终热处理。根据零件设计要求安排最终热处理，以达到指定的热处理效果（主要是为了获得材料的高强度和高硬度）。常用方法有淬火和渗氮等。

（3）时效处理。时效处理可分为自然时效处理、人工时效处理和振动时效处理三类。时效处理的目的是消除残余应力，减小工件变形。

（4）表面处理。表面处理的主要目的是提高零件的抗腐蚀性和耐磨性，并使其美观。表面处理通常被安排在机械加工后，常用方法有镀层和发蓝等。

3）辅助工序的安排

辅助工序包括检验、去毛刺、清洗、防锈、去磁和平衡等。其中，检验是最主要的辅助工序，它对保证零件加工质量有着重要的作用。除了每名操作工人在操作过程中和操作结束后必须安排检验工序外，在送往外车间加工前后，一般也要安排检验工序。

4. 工序内容的组合

在选定了零件上各个表面的加工方法和工序后，就要安排每道工序的加工内容并确定工序数目，即对工序内容进行组合。同一个工件，同样的加工内容，可遵循两种不同的工序组合原则：一种是工序集中原则；另一种是工序分散原则。

1）工序集中原则

工序集中原则是指每道工序的加工内容尽可能多，整个机械加工工艺过程的工序数较少的原则。工序集中原则具有以下特点。

（1）有利于采用高效的生产设备和工艺装备，提高生产率。

（2）工序数少，工艺流程短，设备数量少，可相应减少操作工人数量和生产所需面积。

（3）一次装夹中可加工出多个表面，减少装夹次数，且易于保证加工表面之间的位置精度。

（4）所用生产设备和工艺装备结构复杂，调整和维护困难，生产准备工作量大。

2）工序分散原则

工序分散原则是指每道工序的加工内容尽可能少，整个机械加工工艺过程的工序数较多的原则。工序分散原则具有以下特点。

（1）所用生产设备和工艺装备结构简单，易于调整和维护，且对操作工人的技术水平要求不高。

（2）有利于选择合理的切削用量。

（3）工序数多，所需设备及操作工人数量多，生产周期长，生产所需面积大。

经验传承

在拟订机械加工工艺路线时，究竟是采用工序集中原则还是工序分散原则，应对生产类型、现有生产条件、零件的结构特点和技术要求、各工序的生产节拍等进行综合分析后确定。一般情况下，单件小批生产时，只能采用工序集中原则，在一台普通机床上加工出尽量多的表面，以提高机床的利用率。大批大量生产时，既可以采用多工位数控车床、多轴数控铣床、加工中心等高效自动化机床，使工序高度集中，也可以采用效率高且结构简单的专用机床和专用夹具，将工序分散后组织流水生产。

1.2.5 确定加工余量及工序尺寸

机械加工工艺路线拟订完成之后，就需要安排各个工序的具体加工内容，即设计加工工序。这其中很重要的一项内容就是确定加工余量和工序尺寸。

1. 加工余量概述

机械加工中，为保证零件的尺寸和精度，从某一表面上所切除的金属层厚度称为**加工**

余量。加工余量可分为加工总余量和工序余量。

1）加工总余量和工序余量

加工总余量是指零件从毛坯加工为成品时从某一表面所切除的金属层总厚度，它是毛坯尺寸与零件设计尺寸之差，也称**毛坯余量**；**工序余量**是指某一表面在某道工序中被切除的金属层厚度。

加工余量概述

加工总余量 Z_0 和工序余量 Z_i 的关系为

$$Z_0 = \sum_{i=1}^{n} Z_i \tag{1-2}$$

2）单边余量和双边余量

工序余量还可定义为相邻两工序基本尺寸之差。按照这一定义，工序余量可分为单边余量和双边余量。

（1）单边余量。

对于平面等非对称表面，工序余量一般为单边余量，它等于实际切除的金属层厚度。

如图1-7（a）所示，对于外表面，有

$$Z_b = a - b \tag{1-3}$$

式中：

Z_b ——本道工序的工序余量；

a ——上道工序的基本尺寸；

b ——本道工序的基本尺寸。

如图1-7（b）所示，对于内表面，有

$$Z_b = b - a \tag{1-4}$$

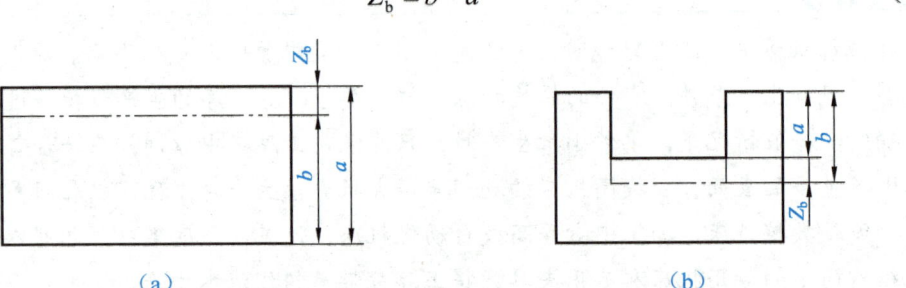

图1-7 单边余量

（2）双边余量。

对于圆和孔等对称表面，工序余量为双边余量，即以直径方向计算，实际切除的金属层厚度为工序余量的一半。

如图1-8（a）所示，对于外圆面，有

$$2Z_b = d_a - d_b \tag{1-5}$$

式中：

$2Z_b$ ——本道工序的工序余量；

d_a ——上道工序的基本尺寸；

d_b ——本道工序的基本尺寸。

如图 1-8（b）所示，对于内圆面，有

$$2Z_b = d_b - d_a \tag{1-6}$$

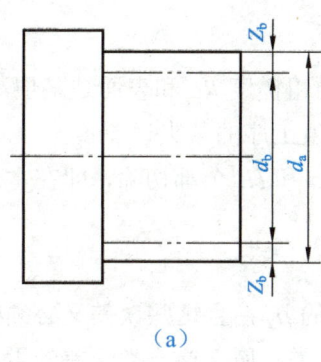
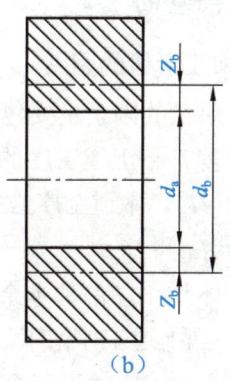

（a） （b）

图 1-8 双边余量

3）基本余量、最大余量、最小余量和余量公差

由于工序尺寸存在公差，因此加工余量是在某一公差范围内变化的。因此，工序余量也可分为基本余量（又称公称余量）Z、最大余量 Z_{max} 和最小余量 Z_{min}。工序余量的变动范围称为**余量公差** T_Z。

基本余量是指上道工序的基本尺寸与本道工序的基本尺寸之差，其计算公式如式（1-3）至式（1-6）所示。

最大余量 Z_{max} 的计算公式为

$$\begin{cases} Z_{max} = a_{max} - b_{min}（被包容面）\\ Z_{max} = b_{max} - a_{min}（包容面）\end{cases} \tag{1-7}$$

最小余量 Z_{min} 的计算公式为

$$\begin{cases} Z_{min} = a_{min} - b_{max}（被包容面）\\ Z_{min} = b_{min} - a_{max}（包容面）\end{cases} \tag{1-8}$$

式中：

a_{max}、a_{min} ——上道工序的最大、最小极限尺寸；

b_{max}、b_{min} ——本道工序的最大、最小极限尺寸。

余量公差 T_Z 是最大余量 Z_{max} 与最小余量 Z_{min} 之差，也等于上道工序的尺寸公差与本道工序的尺寸公差之和，其计算公式为

$$T_Z = Z_{max} - Z_{min} = T_a + T_b \tag{1-9}$$

式中：

T_a——上道工序的尺寸公差；

T_b——本道工序的尺寸公差。

2. 加工余量的确定

1）影响加工余量的因素

影响加工余量的因素主要包括上道工序的表面粗糙度 Ra 和表面缺陷层深度 H_a、上道工序的尺寸公差 T_a、上道工序的几何误差 ρ_a 和本道工序的装夹误差 ε_b。

（1）Ra 和 H_a。本道工序必须把上道工序的 Ra 和 H_a 全部切除，即在本道工序加工余量中必须包含 Ra 和 H_a。

（2）T_a。本道工序的基本余量中必须包含 T_a。

（3）ρ_a。当上道工序留下了一些不由 T_a 控制的 ρ_a，且这些误差又必须在本道工序加工中纠正时，本道工序的加工余量必须包含这些误差。属于这一类误差的主要有直线度误差、同轴度误差和平行度误差等。

（4）ε_b。由于装夹时的定位误差和夹紧误差会直接影响加工表面与刀具的相对位置，因此本道工序的加工余量必须包含这些误差。ε_b 是空间误差，是有方向的，因此计算加工余量时，应取矢量合成的绝对值。

综上所述，本道工序的加工余量必须满足下式。

对于单边余量，有

$$Z \geqslant Ra + H_a + T_a + |\vec{\rho}_a + \vec{\varepsilon}_b| \tag{1-10}$$

对于双边余量，有

$$Z \geqslant 2(Ra + H_a) + T_a + 2|\vec{\rho}_a + \vec{\varepsilon}_b| \tag{1-11}$$

2）确定加工余量的方法

生产中，确定加工余量的方法有分析计算法、查表修正法和经验估计法三种。

（1）分析计算法。分析计算法是指根据一定的试验资料和计算公式，对影响加工余量的各项因素进行综合分析和计算来确定加工余量的方法。这种方法最为经济合理，但需要全面、可靠的试验资料，计算也较为复杂。分析计算法很少采用，仅偶尔用在某些大批大量生产的重要工序中。

（2）查表修正法。查表修正法是指根据有关工艺手册和资料查表，并结合具体情况加以修正来确定加工余量的方法。这是工厂广泛采用的方法，适用于各类零件的成批生产。

（3）经验估计法。经验估计法是指根据积累的经验确定加工余量的方法。为了防止因余量不足而产生废品，通常所取的加工余量都偏大。这种方法适用于单件小批生产。

3. 工序尺寸及其公差的确定

工序尺寸是指加工过程中各工序应保证的加工尺寸，通常为加工表面至定位基准面之间的尺寸。工序尺寸允许的变动量即为工序尺寸公差。正确地确定工序尺寸及其公差，是编制机械加工工艺规程的重要工作之一。工序尺寸及其公差往往不能直接采用零件的设计尺寸和公差，而需要另行计算。

1）基准重合情况下工序尺寸及其公差的计算

当工艺基准和设计基准重合、加工表面多次加工时，工序尺寸及其公差的计算是比较容易的。例如，对于轴、孔和某些平面的加工，计算时只需要考虑各道工序的加工余量和所能达到的精度，计算顺序为从最后一道工序向前推算，其计算步骤如下。

（1）确定加工总余量和各工序的工序余量。

（2）确定各工序的加工经济精度和表面粗糙度。最后一道工序尺寸公差等于设计尺寸公差，其余工序尺寸公差按加工经济精度确定。

（3）确定各工序尺寸。从最后一道工序开始，即从设计尺寸开始，逐一向前给每道工序加上道工序余量，直到毛坯尺寸。在此过程中，可得到各工序的基本尺寸。

除最后一道工序外，其余各工序尺寸公差根据各工序的加工经济精度确定，并按"入体原则"确定上、下极限偏差。

知识角

入体原则是指标注工序尺寸公差时应向材料实体方向单向标注，即在数值上：对于被包容面（如轴类），其最大加工尺寸就是基本尺寸，上极限偏差为零，下极限偏差为负值；对于包容面（如孔类），其最小加工尺寸就是基本尺寸，下极限偏差为零，上极限偏差为正值。

课上练习

【例1-1】某光轴直径为$\phi 50$ mm，长度为200 mm，尺寸精度为IT5，表面粗糙度Ra为0.04 μm，要求高频淬火，毛坯为锻件。其机械加工工艺路线为粗车—半精车—粗磨—精磨—精研。试确定各工序尺寸。

【解】（1）确定加工总余量和工序余量。

用查表修正法确定加工总余量和工序余量。由工艺手册可查得如下结果：光轴的加工总余量为8 mm，精研余量为0.01 mm，精磨余量为0.1 mm，粗磨余量为0.4 mm，半精车余量为1.0 mm。粗车余量为$8-1.0-0.4-0.1-0.01=6.49$ (mm)。

（2）确定各工序的加工经济精度和表面粗糙度。

精研为最终加工方法，其加工经济精度和表面粗糙度与光轴的设计要求相一致。因此，精研的尺寸精度为IT5，表面粗糙度Ra为0.04 μm。查表1-13可选择，精磨的加工经济精度为IT6，表面粗糙度Ra为0.16 μm；粗磨的加工经济精度为IT8，表面粗糙度Ra为1.25 μm；半精车的加工经济精度为IT11，表面粗糙度Ra为2.5 μm；粗车的加工经济精度为IT13，表面粗糙度Ra为16 μm。

(3) 确定各工序尺寸。

选择基孔制，根据各工序的加工余量确定各工序的基本尺寸，然后根据基本尺寸及IT值，查公差表，确定各工序尺寸公差，并按"入体原则"标注，结果如表1-16所示。

表1-16 工序尺寸及其公差的计算

工序名称	工序余量/mm	加工经济精度	表面粗糙度 $Ra/\mu m$	工序基本尺寸/mm	工序尺寸/mm
精研	0.01	IT5 ($^{\ 0}_{-0.011}$)	0.04	50	$\phi 50^{\ 0}_{-0.011}$
精磨	0.1	IT6 ($^{\ 0}_{-0.016}$)	0.16	50 + 0.01 = 50.01	$\phi 50.01^{\ 0}_{-0.016}$
粗磨	0.4	IT8 ($^{\ 0}_{-0.039}$)	1.25	50.01 + 0.1 = 50.11	$\phi 50.11^{\ 0}_{-0.039}$
半精车	1.0	IT11 ($^{\ 0}_{-0.16}$)	2.5	50.11 + 0.4 = 50.51	$\phi 50.51^{\ 0}_{-0.16}$
粗车	6.49	IT13 ($^{\ 0}_{-0.39}$)	16	50.51 + 1.0 = 51.51	$\phi 51.51^{\ 0}_{-0.39}$

上述工序尺寸确定后，由粗车余量 6.49 mm 可得毛坯的基本尺寸为 51.51 + 6.49 = 58（mm）。根据实际经验，毛坯的尺寸精度可为 ±3 mm，因此毛坯尺寸为 $\phi 58 \pm 3$ mm。

2）基准不重合情况下工序尺寸及其公差的计算

工艺基准与设计基准不重合的情况下，工序尺寸及其公差需要借助工艺尺寸链的基本知识和计算方法来确定，具体内容将在工艺尺寸链的计算中介绍。

1.2.6 计算工艺尺寸链

1. 工艺尺寸链的定义

在机器装配或零件加工过程中，互相联系且按一定顺序排列的封闭尺寸组合，称为尺寸链。其中，由单个零件在加工过程中各有关尺寸所组成的尺寸链，称为工艺尺寸链。如图1-9所示，A_1 和 A_2 为零件上已标注的尺寸，先加工表面1，再以表面1定位按尺寸 A_1 调刀并加工表面2，按尺寸 A_2 调刀并加工表面3，从而间接保证尺寸 A_0。A_0、A_1 和 A_2 这些相互联系的尺寸就形成了一个封闭尺寸组，即为工艺尺寸链。

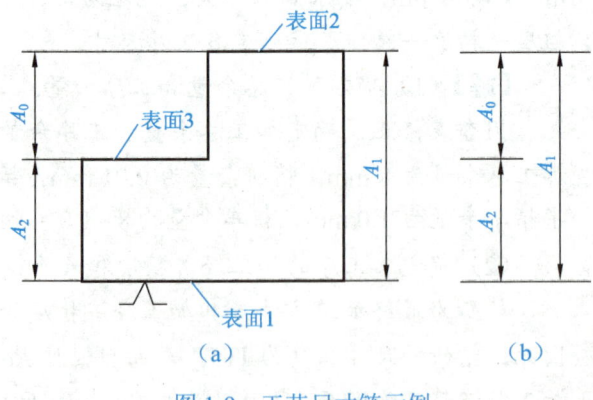

图1-9 工艺尺寸链示例

2. 工艺尺寸链的特征

工艺尺寸链具有以下特征。

（1）封闭性。工艺尺寸链中各个尺寸的排列首尾相接，形成了封闭的尺寸组。

（2）关联性。工艺尺寸链中任何一个直接保证的尺寸变化，必将使间接保证的尺寸随之变化，图 1-9 中 A_1 或 A_2 变化，都将引起 A_0 的变化。

3. 工艺尺寸链的组成

组成工艺尺寸链的每一个尺寸称为尺寸链的环，环可分为封闭环和组成环。图 1-9（b）中 A_0、A_1 和 A_2 都是尺寸链的环。

1）封闭环

封闭环是指在加工过程中最后形成的一环，它是间接获得、最终保证的尺寸。封闭环用环字母加下标"0"表示，图 1-9 中尺寸 A_0 就是封闭环。每个工艺尺寸链只能有一个封闭环。

2）组成环

组成环是指工艺尺寸链中除封闭环以外的其他环。组成环用环字母加阿拉伯数字下标表示，数字表示各组成环的序号，图 1-9 中尺寸 A_1 和 A_2 就是组成环。组成环的尺寸是直接保证的，任一组成环的变动必然引起封闭环的变动。按对封闭环的影响不同，组成环可分为增环和减环。

（1）增环。当其他组成环不变时，若某环的增加（或减小）会引起封闭环的增加（或减小），即发生同向变化，则该环为增环，如图 1-9 所示的尺寸 A_1。

（2）减环。当其他组成环不变时，若某环的减小（或增加）会引起封闭环的增加（或减小），即发生反向变化，则该环为减环，如图 1-9 所示的尺寸 A_2。

4. 工艺尺寸链的建立

利用工艺尺寸链进行工序尺寸及其公差的计算，关键在于建立工艺尺寸链，具体步骤如下。

1）绘制尺寸链线图

根据零件的机械加工工艺过程，从第一个工艺尺寸出发，逐个绘出各环，将各环按照首尾相接的顺序依次连成一个封闭的链状图形，即尺寸链线图。尺寸链线图不必按固定比例绘制，只要与实际尺寸相协调即可。

2）确定封闭环

确定封闭环是建立工艺尺寸链最关键的一步。确定封闭环时，要基于零件的加工过程和加工方法，通过封闭环的特征来判别：① 封闭环一定是机械加工工艺过程中间接保证的尺寸，是加工过程中最后自然形成的一环；② 封闭环承担各组成环的累积误差，其公差值等于各组成环公差之和，故封闭环的公差值最大。

3）判别增减环

对于环数较少的工艺尺寸链，可在尺寸链线图中直接用增环和减环的定义判别各组成环的增减性质。但对于环数较多的工艺尺寸链，可在尺寸链线图的基础上采用回路法进行判别，其方法如下。

首先给封闭环任选一个方向，在封闭环字母上画一单向箭头，如图1-10所示的$\overleftarrow{A_0}$；然后再按此方向沿各组成环转一圈形成回路，并按回路方向在各环字母上方画单向箭头，其中与封闭环箭头方向相反的为增环，如图1-10所示的$\overrightarrow{A_1}$和$\overrightarrow{A_3}$，与封闭环箭头方向相同的为减环，如图1-10所示的$\overleftarrow{A_2}$。

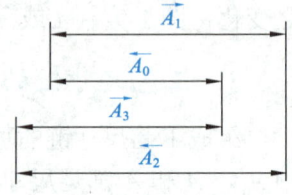

图1-10 增减环的判别

5. 工艺尺寸链的计算方法

计算工艺尺寸链时，主要计算封闭环与组成环的基本尺寸、公差和极限偏差。工艺尺寸链的计算方法主要有极值法和概率法两种。

（1）**极值法** 是指在各组成环均处于极值的条件下来求解封闭环与组成环关系的方法。

（2）**概率法** 是指以概率论为基础来求解封闭环与组成环关系的方法。

计算工艺尺寸链时，一般选择极值法，只有在大批大量生产中，所计算的工序尺寸公差过于严格而不经济时，才选用概率法。

6. 工艺尺寸链的计算公式

1）**封闭环的基本尺寸**

封闭环的基本尺寸等于所有增环的基本尺寸之和减去所有减环的基本尺寸之和，即

$$A_0 = \sum_{i=1}^{m} A_i - \sum_{j=m+1}^{n-1} A_j \tag{1-12}$$

式中：

A_0——封闭环的基本尺寸；

A_i——增环的基本尺寸；

A_j——减环的基本尺寸；

m——增环数；

n——尺寸链总环数。

2）**封闭环的极限尺寸**

封闭环的最大极限尺寸等于所有增环的最大极限尺寸之和减去所有减环的最小极限尺寸之和，即

$$A_{0\max} = \sum_{i=1}^{m} A_{i\max} - \sum_{j=m+1}^{n-1} A_{j\min} \tag{1-13}$$

封闭环的最小极限尺寸等于所有增环的最小极限尺寸之和减去所有减环的最大极限尺寸之和,即

$$A_{0\min} = \sum_{i=1}^{m} A_{i\min} - \sum_{j=m+1}^{n-1} A_{j\max} \qquad (1\text{-}14)$$

3）封闭环的上、下极限偏差

封闭环的上极限偏差等于所有增环的上极限偏差之和减去所有减环的下极限偏差之和,即

$$ES_0 = \sum_{i=1}^{m} ES_i - \sum_{j=m+1}^{n-1} EI_j \qquad (1\text{-}15)$$

封闭环的下极限偏差等于所有增环的下极限偏差之和减去所有减环的上极限偏差之和,即

$$EI_0 = \sum_{i=1}^{m} EI_i - \sum_{j=m+1}^{n-1} ES_j \qquad (1\text{-}16)$$

式中：

ES_0、EI_0——封闭环的上、下极限偏差;

ES_i、EI_i——增环的上、下极限偏差;

ES_j、EI_j——减环的上、下极限偏差。

4）封闭环的公差

封闭环的公差等于其上极限偏差减去下极限偏差,也是所有组成环的公差之和,即

$$T_0 = ES_0 - EI_0 = \sum_{i=1}^{n-1} T_i \qquad (1\text{-}17)$$

式中：

T_0——封闭环的公差;

T_i——组成环的公差。

> **小贴士**
>
> 封闭环的公差比任何一个组成环的公差都大。为了减小封闭环的公差,应使工艺尺寸链中组成环的环数尽量少,遵循"路线最短、环数最少"原则,这样更容易满足封闭环的精度要求或者使各组成环的加工更简单、更经济。

7. 工艺尺寸链的应用

1）测量基准与设计基准不重合时工序尺寸的计算

机械加工中,常常会遇到一些加工表面的设计尺寸不便直接测量的情况。为此,需要在工件上另选一个容易测量的表面作为测量基准,以间接保证设计尺寸。

课上练习

【例 1-2】 如图 1-11（a）所示，加工零件时要求保证尺寸 6 ± 0.1 mm，但该尺寸不便测量，只好通过工序尺寸 X 来间接保证，试求工序尺寸 X 及其上、下极限偏差。

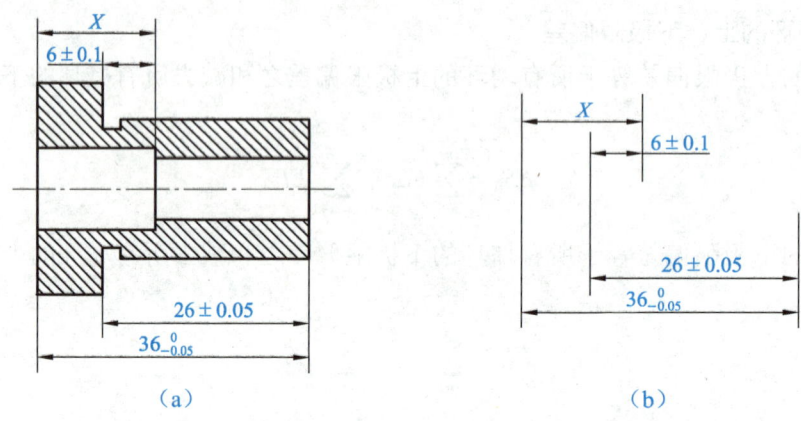

图 1-11 测量基准与设计基准不重合时工序尺寸示意图

【解】 如图 1-11（b）所示为尺寸链线图。尺寸 6 ± 0.1 mm 是间接得到的，为封闭环；尺寸 X 和尺寸 26 ± 0.05 mm 为增环；尺寸 $36_{-0.05}^{0}$ mm 为减环。

X 的基本尺寸由式（1-12）计算可得

$$6 = X + 26 - 36$$
$$X = 16 \text{ (mm)}$$

X 的上极限偏差由式（1-15）计算可得

$$0.1 = ES(X) + 0.05 - (-0.05)$$
$$ES(X) = 0$$

X 的下极限偏差由式（1-16）计算可得

$$-0.1 = EI(X) + (-0.05) - 0$$
$$EI(X) = -0.05 \text{ (mm)}$$

综上所述，工序尺寸 $X = 16_{-0.05}^{0}$ mm。

工艺尺寸链的
应用：典例精讲

2）定位基准与设计基准不重合时工序尺寸的计算

加工工件时，若所选定位基准与设计基准不重合，则工件加工表面的尺寸不能由加工直接得到，因而需要进行工序尺寸换算，并标出工序尺寸。

课上练习

【例 1-3】 如图 1-9（a）所示，若 A_0 为 $25_{0}^{+0.22}$ mm，A_1 为 $60_{-0.12}^{0}$ mm。尺寸 A_1 已保证，现以表面 1 为定位基准精铣表面 3，试标出工序尺寸 A_2。

【解】如图 1-9（b）所示为尺寸链线图。A_0 是通过 A_1 和 A_2 间接保证的，为封闭环；A_1 为增环；A_2 为减环。

A_2 的基本尺寸由式（1-12）计算可得

$$25 = 60 - A_2$$

$$A_2 = 35 \text{ (mm)}$$

A_2 的上极限偏差由式（1-16）计算可得

$$0 = -0.12 - ES(A_2)$$

$$ES(A_2) = -0.12 \text{ (mm)}$$

A_2 的下极限偏差由式（1-15）计算可得

$$0.22 = 0 - EI(A_2)$$

$$EI(A_2) = -0.22 \text{ (mm)}$$

综上所述，工序尺寸 $A_2 = 35_{-0.22}^{-0.12}$ mm。

3）在尚需要继续加工的表面上标注的工序尺寸计算

在加工过程中，有些加工表面的测量基准面或定位基准面是一些尚需要继续加工的表面。当加工这些基准面时，不仅要保证本道工序对这些基准面的精度要求，而且还要保证原加工表面的要求，即一次加工后要同时保证多个尺寸的要求。

课上练习

【例 1-4】如图 1-12（a）所示为齿轮内孔的局部简图，设计要求如下：孔径为 $\phi 40_{0}^{+0.05}$ mm，键槽深度为 $43.6_{0}^{+0.34}$ mm。其加工顺序如下：① 镗内孔至 $\phi 39.6_{0}^{+0.1}$ mm；② 插键槽至尺寸 A；③ 淬火处理；④ 磨内孔，同时保证内孔直径 $\phi 40_{0}^{+0.05}$ mm 和键槽深度 $43.6_{0}^{+0.34}$ mm 两个设计尺寸的要求。试确定插键槽的工序尺寸 A。

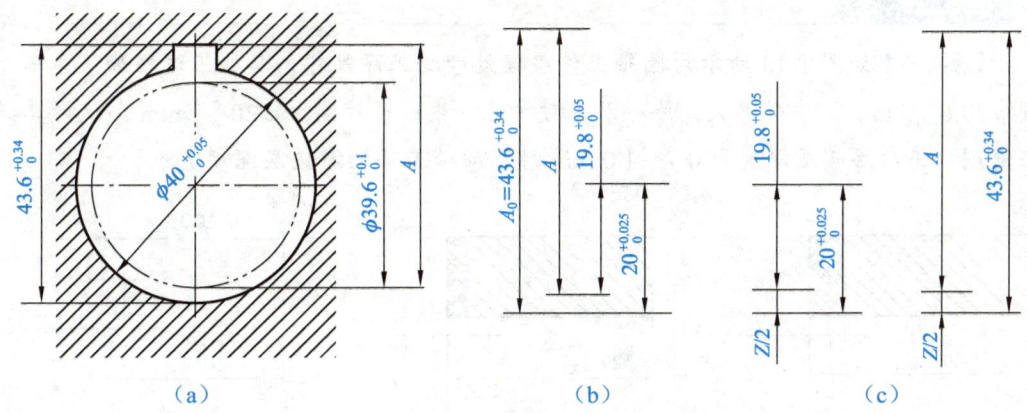

图 1-12 内孔及键槽加工的尺寸示意图

【解】 如图 1-12（b）所示为尺寸链线图。需要说明的是，因为直径尺寸的基准在圆心，所以一般应将直径尺寸折算成半径尺寸来画尺寸链线图。最后工序中尺寸 $43.6_{0}^{+0.34}$ mm 是间接保证的，为封闭环；尺寸 A 和尺寸 $20_{0}^{+0.025}$ mm 为增环；尺寸 $19.8_{0}^{+0.05}$ mm 为减环。

A 的基本尺寸由式（1-12）计算可得

$$43.6 = A + 20 - 19.8$$
$$A = 43.4 \text{ (mm)}$$

A 的上极限偏差由式（1-15）计算可得

$$0.34 = ES(A) + 0.025 - 0$$
$$ES(A) = +0.315 \text{ (mm)}$$

A 的下极限偏差由式（1-16）计算可得

$$0 = EI(A) + 0 - 0.05$$
$$EI(A) = +0.05 \text{ (mm)}$$

综上所述，工序尺寸 $A = 43.4_{+0.05}^{+0.315}$ mm。按"入体原则"，工序尺寸 A 可标注为 $43.4_{0}^{+0.265}$ mm。

另外，尺寸链线图也可制成图 1-12（c）所示的两种形式，引进半径余量 $Z/2$。其中，左图中 $Z/2$ 为封闭环；右图中 $Z/2$ 则认为已经获得，而尺寸 $43.6_{0}^{+0.34}$ mm 为封闭环。其结果与图 1-12（b）所示尺寸链线图相同。

4）保证渗层深度的工序尺寸计算

对渗层类表面，渗层后还要进行加工，其设计要求的渗层深度为封闭环，加工前的渗层深度为组成环。

课上练习

【例 1-5】 如图 1-13 所示为圆轴工件渗碳处理的工序尺寸，其加工过程如下：车外圆 $\phi 20.6_{-0.04}^{0}$ mm，渗碳淬火，渗碳层深度为 L，然后磨外圆至 $\phi 20_{-0.02}^{0}$ mm。试计算保证磨削加工后渗碳层深度为 $0.7 \sim 1.0$ mm 时，渗碳工序的渗碳层深度 L。

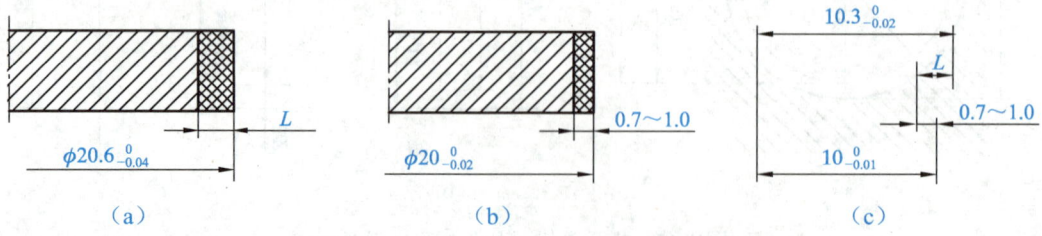

图 1-13　圆轴工件渗碳处理的工序尺寸

【解】 如图 1-13（c）所示为尺寸链线图。磨削加工后保证的渗碳层深度 0.7～1.0 mm 是间接获得的尺寸，为封闭环；渗碳层深度 L 和尺寸 $10_{-0.01}^{0}$ mm 为增环；尺寸 $10.3_{-0.02}^{0}$ mm 为减环。

L 的基本尺寸由式（1-12）计算可得

$$0.7 = L + 10 - 10.3$$

$$L = 1 \text{ (mm)}$$

L 的上极限偏差由式（1-15）计算可得

$$0.3 = ES(L) + 0 - (-0.02)$$

$$ES(L) = +0.28 \text{ (mm)}$$

L 的下极限偏差由式（1-16）计算可得

$$0 = EI(L) + (-0.01) - 0$$

$$EI(L) = +0.01 \text{ (mm)}$$

综上所述，渗碳层深度 $L = 1_{+0.01}^{+0.28}$ mm。

1.2.7　选择机床设备、工艺装备及切削用量

1. 机床设备的选择

机床设备的选择是否合理，对工序的加工质量、生产率和经济性有很大的影响。因此，在选择机床设备时应遵循以下原则。

（1）机床的加工尺寸范围应与零件的外廓尺寸相适应。

（2）机床的工作精度应与工序要求的精度相适应。

（3）机床的生产率应与零件的生产类型相适应。

（4）选择机床时，应考虑车间现有设备条件，尽量采用或改装现有设备。

2. 工艺装备的选择

1）夹具的选择

大批大量生产应采用液动、气动专用夹具以提高生产率；单件小批生产尽量采用通用夹具或组合夹具。

2）刀具的选择

刀具选择主要依据零件的加工方法、加工表面的尺寸、工件材料、工件所要求的精度及表面粗糙度、生产率、经济性等因素综合确定。尽可能采用标准刀具，必要时采用复合刀具和其他专用刀具。

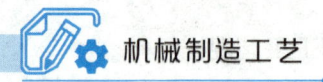

3）量具的选择

量具主要依据生产类型和加工精度来选定。单件小批生产采用通用量具；大批大量生产则采用各种量规、高效检验仪器等。

3. 切削用量的选择

切削用量是指切削时各运动参数的总称，包括切削速度 v_c、进给量 f 和背吃刀量 a_p。

1）切削用量的选择原则

（1）粗加工时，毛坯加工余量大，加工精度和表面粗糙度等要求低，因此应充分发挥车床和刀具的切削性能，减少机动时间和辅助时间，提高生产率和刀具耐用度，这是选择切削用量的主要依据。

（2）半精加工和精加工时，加工余量小，加工精度高，表面粗糙度要求低，选择切削用量时主要考虑以提高加工质量为主要依据，其次再考虑尽可能提高生产率和刀具耐用度。

（3）制造和刃磨铣刀、齿轮刀等复杂刀具时切削用量应选得低一些，以提高刀具的耐用度。

（4）切削大型工件时，为避免加工过程中频繁换刀，应选取较低的切削用量。

2）切削用量的选择方法

（1）a_p 的选择。粗加工时，a_p 由加工余量和工艺系统刚度决定，尽可能通过一次走刀切除全部粗加工余量。对于中等功率机床，粗加工时，a_p 可取 8~10 mm，若不能通过一次走刀切除全部粗加工余量，则 a_p 可取单边粗加工余量的 2/3~3/4；半精加工时，a_p 可取 0.5~2 mm；精加工时，a_p 可取 0.1~0.4 mm。

（2）f 的选择。粗加工时，f 的大小主要受机床进给机构功率、刀具强度等因素的限制；精加工时，f 的大小主要受加工精度和表面粗糙度的限制。生产实际中常根据生产实践经验或参考切削用量手册获得 f。

（3）v_c 的确定。根据已经选定的 a_p、f 及刀具耐用度选择 v_c。可用经验公式计算，也可根据生产实践经验在机床说明书允许的切削速度范围内，查表选取或者参考切削用量手册选用 v_c。

> **经验传承**
>
> 虽然切削用量可以通过查阅切削用量手册或参考有关资料来确定，但是就某一个具体零件而言，通过这种方法确定的切削用量未必就非常理想，有时需要通过试切，才能确定比较理想的切削用量。因此，需要在生产实践中不断总结和完善。

1.2.8 进行机械加工工艺过程的技术经济分析

编制机械加工工艺规程时，必须在保证产品质量的前提下，提高生产率和降低成本，即做到高产、优质、低消耗。因此,编制机械加工工艺规程时,还必须认真对机械加工工艺过程进行技术经济分析,确定工时定额,采取有效的工艺措施提高机械加工的生产率。

1. 工时定额的确定

工时定额是指在一定的生产条件下,规定生产一定产品或完成一定作业量所需消耗的时间。它是安排作业计划、核算生产成本、确定设备数量、进行人员编制及规划生产面积的重要依据,是机械加工工艺规程的重要组成部分。

工时定额包括基本时间 T_m、辅助时间 T_a、布置工作地时间 T_s、工人休息与生理需要时间 T_r、准备与终结时间 T_e 五部分。

(1) T_m:用于改变生产对象的尺寸、形状、相对位置、表面状态或材料性质等机械加工工艺过程所消耗的时间。对机械加工而言,T_m 就是切除金属所消耗的机动时间,包括刀具切入、切出和切削加工的时间。

(2) T_a:为实现机械加工工艺过程所必须进行的各种辅助动作所消耗的时间。它包括装卸工件、开停机床、引入和退出刀具、改变切削用量、试切和测量工件等所消耗的时间。

(3) T_s:为保证加工正常进行,工人布置工作地(如更换刀具、润滑机床、清理切屑和收拾工具等)所消耗的时间。

(4) T_r:工人在工作班内为恢复体力和满足生理需要所消耗的时间。

(5) T_e:为执行一项作业或加工一批产品,事前准备和事后结束工作所消耗的时间。它包括熟悉图样和工艺、调整机床设备和专用工艺装备等所消耗的时间。

其中,前四项时间的总和称为**单件时间** T_p,即

$$T_p = T_m + T_a + T_s + T_r \tag{1-18}$$

在成批生产中,如果一批零件的数量为 n,则每个零件所需的准备和终结时间为 T_e/n。故单件工时定额 T_{pc} 为

$$T_{pc} = T_p + T_e/n \tag{1-19}$$

在大批大量生产中,由于 n 的数值很大,$T_e/n \approx 0$,因此在计算 T_{pc} 时可不考虑 T_e,于是有

$$T_{pc} = T_p \tag{1-20}$$

2. 提高机械加工生产率的工艺措施

1) 缩短基本时间

缩短基本时间的主要方法如下:① 提高切削用量、减小切削长度,如采用高速切削、强力切削等;② 采用多刃刀具加工,如用铣削替代刨削时,采用组合刀具等;③ 采用复合工步,如

提高机械加工生产率的其他工艺措施

多刀加工、多件加工等。

2）缩短辅助时间

缩短辅助时间的主要方法如下：① 采用先进高效夹具来缩短工件装夹时间，使辅助操作实现机械化和自动化，如采用自动上下料装置缩短上下料时间，采用先进高效夹具缩短工件装夹时间等；② 采用多位夹具或多位工作台以使工件的装卸时间和加工时间重合，采用在线测量方法以使测量时间和加工时间重合等。

3）缩短布置工作地时间

缩短布置工作地时间的主要方法如下：缩短刀具的调整时间和每次更换刀具的时间等，如采用自动换刀装置或快速换刀装置，采用不重磨刀具，采用对刀块对刀，以及采用新型刀具材料等。

4）缩短准备与终结时间

缩短准备与终结时间的主要方法如下：① 扩大零件的批量，以相对减少分摊到每个零件上的准备与终结时间；② 通过零件标准化和通用化，或采用成组技术组织生产，减少调整机床、刀具和夹具的时间。

1.2.9　填写工艺文件

根据前述分析和说明，参考 GB/T 24737.5—2009《工艺管理导则 第 5 部分：工艺规程设计》填写工艺文件。

> **铸魂逐梦**
>
> ### 机械加工技术的排头兵
>
> 徐宇航是北方华安工业集团有限公司机械加工厂机加四班班长，2018 年荣获齐齐哈尔市五一劳动奖章，2019 年被授予齐齐哈尔市劳动模范、鹤城工匠荣誉称号。多年来，他先后取得创新成果 10 项，获得国家发明专利 11 项以及实用新型专利 3 项，2019 年荣获齐齐哈尔市"五小"创新竞赛三等奖。
>
> **刻苦钻研，做生产技术行家里手**
>
> 徐宇航所在的单位是集团最大的机械加工分厂，产品品种多、批量大、技术要求高。长年累月的加班加点工作，培养了他坚忍不拔、刻苦钻研的意志。各种复杂精密零件的加工，锤炼了他出众的操作技能，使他成为熟练掌握加工中心、数控铣床、激光切割机、旋压机、堆焊机的编程及操作的复合型人才。徐宇航多次在技能大赛中取得优秀成绩，并荣获多种奖项和称号。经验的不断积累，使徐宇航的技能水平迅速提升。
>
> **立足岗位，做生产技术行业专家**
>
> 2018 年是近年来分厂生产任务最为繁重的一年，徐宇航带领班组克服了一线技术工人短缺、设备老化、故障率高等困难，以必胜的"亮剑精神"和信念，利用数控生

产线和普通机床生产线协同作战，圆满完成了各种零部件及科研产品的生产任务，良品率达到 100%，每年节约刀具费 120 万元。徐宇航率先垂范，特别是在大干 120 天的生产劳动竞赛中，哪里出现问题，他就会及时出现在哪里，以最快的速度恢复生产，班组的日产量连续创下新高，保质保量地按期完成了生产任务。

勇于创新，做生产技术行业典范

徐宇航始终坚持不懈地钻研业务，学习技能，在生产一线中锻炼自己。经过多年的刻苦钻研和工作实践，他首创了"投影法"，利用四轴联动进行加工，使废品率降低了 30% 以上。他提出了关于数控卧轴双端面磨床送料装置的改进设计，通过实施既减轻了操作工人的劳动强度，又极大地提高了生产率。他设计并自制的软质薄壁工件的夹具，使非配合部位悬空，通过减小定位面来消除变形影响；他采用内孔挤压夹紧方式有效解决了铝翼片加工变形问题；他设计的炮弹加工用气动卡盘的保压阀有效地保证了工艺尺寸。以徐宇航的名字命名的劳模创新工作室已成为省级劳模创新工作室，为企业技能人才成长和培养搭建了平台。

（资料来源：王艳，李忠双，《徐宇航：做机械加工技术的排头兵》，人民网，2020 年 4 月 29 日）

项目实训——识读阶梯轴的机械加工工艺文件

1. 项目描述

如图 1-14 所示为 H35 起重机减速器上的阶梯轴，其生产类型为大批生产。表 1-17 是阶梯轴的工艺过程卡，表 1-18 为工序号 8 的工序卡。全班学生以 3~5 人为一组进行分组，以组为单位识读该工艺过程卡和工序卡。

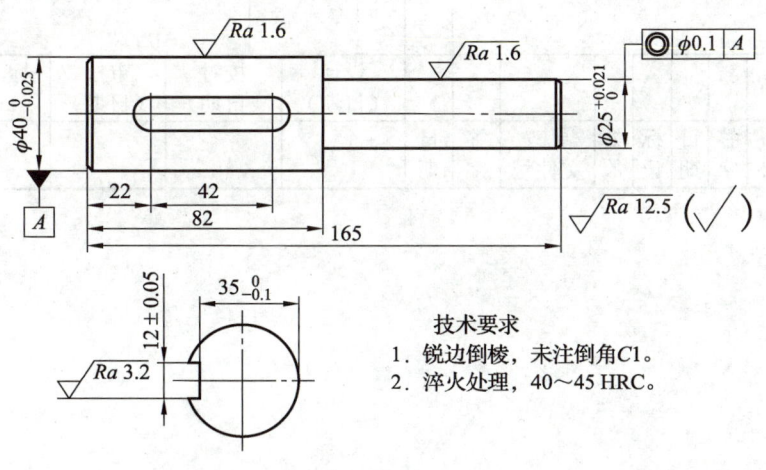

图 1-14 减速器阶梯轴

表 1-17 减速器阶梯轴的工艺过程卡

M 机械厂		机械加工工艺过程卡			产品型号	H35	零件图号		×××		
					产品名称	起重机	零件名称	阶梯轴	共1页		第1页
材料牌号	45	毛坯种类	锻件	毛坯外形尺寸	$\phi 55$ mm×169 mm		每毛坯可制件数	1	每台件数	1	备注

工序号	工序名称	工序内容	车间	工段	设备	工艺装备	工时/s 准终	工时/s 单件
1	下料	下料 $\phi 55$ mm×169 mm	金		锯床			
2	锻	锻造毛坯	锻					
3	热处理	退火，35～42 HRC	热					
4	车	车 $\phi 40$ mm 外圆至 $\phi 40.4_{-0.16}^{0}$ mm，车 $\phi 25$ mm 外圆至 $\phi 25.4_{-0.13}^{0}$ mm，保证长度 82 mm 和 165 mm，两端打 A 型中心孔，倒角 C1	机		C6140	外圆车刀、中心钻	10	169
5	铣	铣键槽宽 (12 ± 0.05) mm，深度至 $35.2_{-0.0875}^{-0.08}$ mm	机		X5012	键槽铣	11	154
6	热处理	淬火，52～58 HRC	热					
7	钳	研磨两端中心孔	金		中心孔研磨机	硬质合金研磨棒	10	120
8	磨	磨 $\phi 40$ mm 和 $\phi 25$ mm 外圆到设计尺寸	机		M1331	双顶尖、量具	11	416
9	检验							

						设计（日期）	校对（日期）	审核（日期）	标准化（日期）	会签（日期）
标记	处数	更改文件号	签字	日期	标记	处数	更改文件号	签字	日期	

表 1-18 减速器阶梯轴的工序卡

M 机械厂	机械加工工序卡	产品型号	H35	零件图号	×××		
		产品名称	起重机	零件名称	阶梯轴	共 20 页	第 16 页
		车间	工序号	工序名称		材料牌号	
		金工	8	磨		45	
		毛坯种类	毛坯外形尺寸	每毛坯可制件数		每台件数	
		原型材	φ55 mm×169 mm	1		1	
		设备名称	设备型号	设备编号		同时加工数	
		外圆磨床	M1331	10012		1	
		夹具编号	夹具名称	切削液			
				乳化液			
		工位器具编号	工位器具名称	工序工时			
				准终		单件	
		1005	存储架 5				

工步号	工步内容	工艺装备	主轴转速/(r·min⁻¹)	切削速度/(m·min⁻¹)	进给量/(mm·r⁻¹)	背吃刀量/mm	走刀次数	工步工时 机动	工步工时 辅助
1	磨 $\phi 40.4_{-0.16}^{0}$ mm 至 $\phi 40_{-0.025}^{0}$ mm	双顶尖、量具	112	28	25	0.1	4		
2	磨 $\phi 25.4_{-0.13}^{0}$ mm 至 $\phi 25_{0}^{+0.021}$ mm	双顶尖、量具	112	28	25	0.1	4		
			设计（日期）	校对（日期）	审核（日期）	标准化（日期）		会签（日期）	
标记	处数	更改文件号	签字	日期	标记	处数	更改文件号	签字	日期

2. 实训内容

1) 工艺过程卡的识读

（1）产品和零件信息。由表 1-17 可知，此卡是 H35 起重机减速器上阶梯轴的工艺过程卡。

（2）毛坯信息。零件的材料为 45 钢，毛坯种类是锻件。

（3）机械加工工艺过程。因为该阶梯轴是大批生产，具体指导其生产的工艺文件是工序卡，所以工艺过程卡中的工序内容编写得比较简单。

从工艺过程卡中可知，起重机减速器阶梯轴的机械加工工艺路线为下料—锻—预备热处理—车削—铣削—最终热处理—钳工—磨削—检验。整个机械加工工艺过程共有 9 道工序，各工序内容的描述不是很详细，要想了解各工序内容的详细信息可参阅工序卡。由工艺过程卡可以看出，各工序的工时不均衡，工序 8 的工时最长，其次是工序 4 和 5，在安排加工设备和人员时应考虑如何解决工序均衡、工件流动及临时存放等问题。

从机械加工过程中可以看出，加工顺序的安排有如下特点：① 先加工基准面，后加工其他表面；② 先加工面，后加工孔；③ 先加工主要表面，后加工次要表面。

2）工序卡的识读

（1）产品和零件信息。由表 1-18 可知，产品和零件信息的填写内容与工艺过程卡基本相同。

（2）工序。

① 工序基本信息。本道工序的工序号和工序名称、加工零件的材料、毛坯信息等栏填写的内容均与工艺过程卡一致。

② 加工内容。按加工顺序简明描述各工步的加工内容、尺寸及精度要求、表面粗糙度等，与工序简图配合识读，工步的加工内容一目了然。工序简图上还标明了本工序的工序基准、测量基准等。

③ 工艺装备。在工艺装备栏填写了各工步所使用的夹具、量具。

④ 切削用量。清楚地说明了各工步的切削用量，以便指导操作工人加工时选择。

项目考核

1. 填空题

（1）生产类型是指企业（或车间、工段、班组、工作地）生产专业化程度划分的类别，一般分为_____生产、_____生产和_____生产。

（2）同一个工件，同样的加工内容，可采取两种不同的原则进行工序组合，一种是工序集中原则，另一种是_____。

（3）机械加工工艺规程的形式有_____、_____、_____。

（4）机械加工工艺过程由一个或若干个按顺序排列的工序组成，而工序又由_____、_____、_____和_____组成。

（5）尺寸链的主要特征有_____和_____。

2. 选择题

（1）对于中型零件，每年生产 450 件，这种生产类型属于（　　）生产。

　　A. 小批　　　　　　　　　　B. 中批

　　C. 大量　　　　　　　　　　D. 大批

(2) 下列不属于粗基准选择原则的是（　　）。
　　A．保证相互位置要求原则　　　　B．基准统一原则
　　C．重要表面原则　　　　　　　　D．便于装夹原则
(3) 下列不属于拟订机械加工工艺路线主要任务的是（　　）。
　　A．零件结构工艺性分析　　　　　B．划分加工阶段
　　C．安排加工顺序　　　　　　　　D．组合工序内容
(4) 下列不属于确定加工余量方法的是（　　）。
　　A．经验估计法　　　　　　　　　B．数据采集法
　　C．分析计算法　　　　　　　　　D．查表修正法
(5) 淬火、渗碳淬火和渗氮是常用的（　　）方法。
　　A．最终热处理　　　　　　　　　B．时效处理
　　C．表面处理　　　　　　　　　　D．预备热处理

3．判断题

(1) 机械加工工艺过程由工序组成，在一道工序中可能有一次安装，也可能有多次安装。（　　）

(2) 零件的生产纲领不应该包括备品和废品的数量。（　　）

(3) 设计机械加工工艺规程时，应先考虑精基准，后考虑粗基准。（　　）

(4) 零件的工序包括机械加工工序、热处理工序和辅助工序。在拟订机械加工工艺路线时必须将三者统筹考虑，合理安排。（　　）

(5) 工序余量可定义为相邻两工序基本尺寸之差。按照这一定义，工序余量可分为最大余量和最小余量。（　　）

4．简答题

(1) 简述机械加工工艺规程的作用。
(2) 简述选择精基准时应遵循的原则。
(3) 简述工艺尺寸链的计算方法。

项目评价

指导教师根据学生的实际学习成果对其进行评价，学生配合指导教师共同完成学习成果评价表，如表1-19所示。

表1-19 学习成果评价表

姓名： 组号： 指导教师：

评价项目	评价内容	满分/分	评分/分		
			自评	互评	师评
知识（30%）	了解机械加工工艺规程的基础知识	5			
	掌握零件结构工艺性分析和毛坯、定位基准的选择方法	5			
	掌握机械加工工艺路线的拟定方法	5			
	掌握加工余量及工序尺寸的确定（包含工艺尺寸链的计算）方法	5			
	掌握机床设备、工艺装备及切削用量的选择方法	5			
	熟悉机械加工工艺过程的技术经济分析方法	5			
技能（50%）	能够识读机械加工工艺文件	25			
	能够编制简单零件的机械加工工艺规程	25			
素养（20%）	积极参加教学活动，主动学习、思考、讨论	5			
	认真负责，按时完成学习任务	5			
	团结协作，与组员之间密切配合	5			
	服从指挥，遵守课堂纪律	5			
合计		100			
总评	自评（20%）+ 互评（20%）+ 师评（60%）=		综合等级：		
自我评价					
指导教师评价					

项目 2　轴类零件机械加工工艺规程

▶ 项目引入

小牛的爸爸是一名机械工程师。一天，家里的电风扇坏了，牛爸爸让小牛做他的小帮手，一起维修电风扇。期间，小牛对拆卸下来的一个零件提起了兴趣，牛爸爸告诉他这是轴类零件的一种，并且轴类零件的用处很多。在日常生活中，无论是我们坐的汽车、高铁等交通工具，还是电风扇、洗衣机、油烟机等家用电器，都有轴类零件的身影。

轴类零件在机器运转的过程中发挥着至关重要的作用，它们有怎样的工艺特点，又是怎么制造出来的呢？本项目主要介绍轴类零件的结构特点、技术要求、毛坯选择、加工方法、机床设备、刀具、装夹和检测等。

▶ 知识目标

- ◆ 了解轴类零件的功用、结构特点和技术要求。
- ◆ 熟悉轴类零件的材料、毛坯和热处理方法。
- ◆ 掌握轴类零件的加工方法。
- ◆ 掌握轴类零件常用的机床设备和刀具。
- ◆ 掌握轴类零件的装夹和检测方法。
- ◆ 了解轴类零件的工艺及工作实践中常见问题的分析方法。

▶ 技能目标

- ◆ 能够编制一般轴类零件的机械加工工艺规程。

▶ 素质目标

- ◆ 养成认真负责、求真务实、刻苦钻研的工作作风。
- ◆ 践行服务集体、顾全大局的团队精神。

项目 2 轴类零件机械加工工艺规程

项目工单 ——编制轴类零件的机械加工工艺规程

1. 项目描述

指导教师根据实际情况,给出具体题目,如编制光轴、阶梯轴等的机械加工工艺规程。

2. 学生分组

以 3~5 人为一组,选出组长并进行任务分工,将小组成员及任务分工填入表 2-1 中。

表 2-1 小组成员及任务分工

小组成员	姓名	任务分工
组长		
组员		

3. 小组讨论

在进行具体项目实施前,需要提前预习相关知识。请各组组长组织组员收集相关资料,讨论下列问题。

(1) 简述轴类零件的功用。

(2) 简述轴类零件常用的加工方法。

（3）加工轴类零件时，常用哪些机床设备和刀具？

（4）加工轴类零件时常出现哪些问题？产生问题的原因是什么？如何预防这些问题的产生？

4. 制订计划

（1）制订工作计划，并将其填入表 2-2 中。

表 2-2　工作计划

序号	工作内容	负责人

项目 2　轴类零件机械加工工艺规程

（2）将实施过程中所需要的工具等填入表 2-3 中。

表 2-3　实施过程中所需要的工具

序号	名称	单位	数量	备注

5．进行决策

（1）每个小组成员阐述自己制订的工作计划。
（2）小组成员之间进行讨论，选出本组最佳工作计划。
（3）指导教师根据各组完成情况进行点评。

6．项目实施

根据本组最佳工作计划，将详细的编制过程、遇到的问题及解决办法、项目实施总结填入表 2-4 中。

表 2-4　项目实施记录表

项目名称	实施内容
编制轴类零件的机械加工工艺规程	

表 2-4（续）

项目名称	实施内容
遇到的问题及解决办法	
项目实施总结	

2.1 轴类零件的基础知识

2.1.1 轴类零件的功用及结构特点

1. 轴类零件的功用

轴类零件是机械结构中的重要零件之一，其主要功用是支承传动零部件（如齿轮、带轮、离合器等），传递扭矩和承受载荷。

2. 轴类零件的结构特点

轴类零件是一种旋转体，其长度大于直径，它一般由同轴的外圆柱面、圆锥面、内孔、螺纹和相应的端面组成。按照轴线形状的不同，轴类零件可分为直轴、曲轴和软轴三种类型，其中直轴按照外形的不同还可分为光轴和阶梯轴，如图2-1所示。

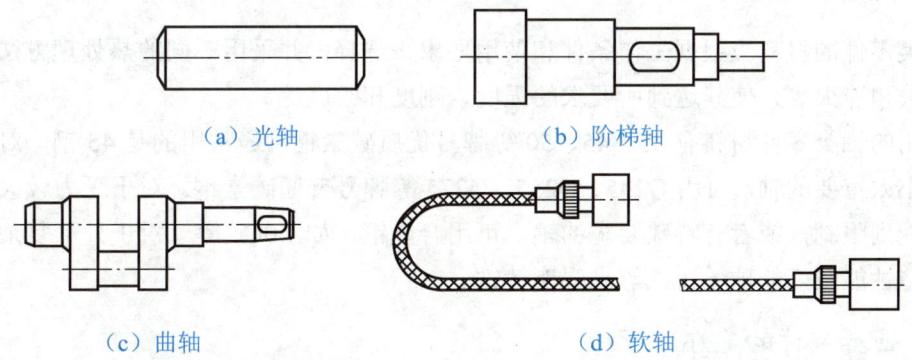

图2-1 轴类零件

2.1.2 轴类零件的技术要求

轴类零件通常用轴承支承，其与轴承配合的轴段称为**轴颈**。轴类零件上通常还安装齿轮、链轮、带轮等传动件，其与传动件配合的轴段称为**轴头**。轴颈和轴头是轴类零件的主要加工区域，其技术要求是轴类零件的主要技术要求，一般根据轴类零件的主要功用和工作条件制订。轴类零件的技术要求通常有以下几项。

1. 加工精度

轴类零件的加工精度主要包括结构要素的尺寸精度和几何精度。

1) 尺寸精度

轴颈的尺寸精度要求较高，通常为IT5～IT7；而轴头的尺寸精度一般要求较低，通常为IT6~IT9。

2）几何精度

几何精度主要包括形状精度、位置精度和跳动精度等。

轴类零件的形状精度主要是指轴颈和轴头部位的圆度、圆柱度等，一般应将其限制在尺寸公差范围内。对形状精度要求较高的轴，应在图样上标注形状公差。

轴类零件的位置精度主要是指轴头相对于轴颈的同轴度，其目的是保证传动件的传动精度。轴类零件的跳动精度通常用轴头对轴颈的径向圆跳动表示。其中，普通精度轴的轴头对轴颈的径向圆跳动一般为0.01~0.03 mm，高精度轴的轴头对轴颈的径向圆跳动为0.001~0.005 mm。

2. 表面粗糙度

一般情况下，轴头的表面粗糙度 Ra 为0.63~2.5 μm，轴颈的表面粗糙度 Ra 为0.16~0.63 μm。

2.1.3　轴类零件的材料、毛坯及热处理

1. 轴类零件的材料

轴类零件的材料应根据工作条件和使用要求来选择，并采用不同的热处理方法（如调质、正火和淬火等）使其达到所要求的强度、刚度和硬度等。

常用的轴类零件材料有35、45、50等牌号优质碳素钢，最常用的是45钢。对于受力较小或不太重要的轴，可用Q235、Q255、Q275等牌号普通碳素钢。对于受力较大且尺寸和质量受到限制，或者有特殊要求的轴，可用合金钢，如40Cr等。对于外形复杂的轴，可用铸造性能较好的球墨铸铁等高强度铸铁。

2. 轴类零件的毛坯

轴类零件根据用途、重要程度和加工条件的不同，可选择圆钢轧制件、锻件或铸件作为毛坯。对于直径较小的轴，可选择圆钢轧制件作为毛坯；对于直径较大或直径变化较大的阶梯轴，可选择锻件作为毛坯；对于凸轮轴、曲轴等形状复杂的轴，可选择铸件作为毛坯。

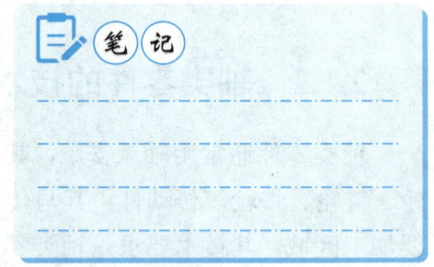

3. 轴类零件的热处理

轴类零件的质量除与所选钢材的种类有关，还与热处理有关。轴的锻造毛坯在机械加工之前，须进行正火或退火（高碳钢）处理，使钢材的晶粒细化，以消除残余应力，降低毛坯硬度，改善切削加工性能。

凡要求局部表面淬火以提高耐磨性的轴，须在淬火前进行调质处理（有的采用正火）。

对于精度要求较高的轴，在局部淬火和粗磨之后，还需要进行时效处理，以消除在淬火和磨削中产生的残余应力，使轴的尺寸稳定。

> **小贴士**
>
> 　　轴类零件除了要进行热处理外，可能还要进行喷丸、滚压等表面强化处理，以提高疲劳强度。

2.2　轴类零件的加工方法

轴类零件加工主要是外圆的加工，常用的加工方法有车削和磨削两种。

2.2.1　外圆车削

外圆车削是轴类零件加工中最常见、最基本和最有代表性的加工方法。它一般分为粗车、半精车、精车和精细车。

车削的工艺特点

1. 粗车

粗车对表面精度要求不高，其目的是改变毛坯的不规则形状。粗车通常采用较大的背吃刀量、较大的进给量和中等切削速度，以尽可能提高生产率。

2. 半精车

半精车的目的是提高粗车后的表面精度和质量。它可作为中等精度表面的终加工，也可作为磨削或精车前的预加工。

3. 精车

精车的目的是保证尺寸、形状和位置精度，尽量减少工艺系统变形。精车时通常在高精度车床上加工，以确保零件的加工精度和表面粗糙度符合图样要求。精车一般采用较小的背吃刀量、较小的进给量和较高的切削速度。

4. 精细车

精细车的目的是进一步提高表面精度和质量。它主要用于有色金属加工或要求很高的钢制零件的最终加工，一般采用较小的背吃刀量、较小的进给量和较高的切削速度。

2.2.2　外圆磨削

外圆磨削是轴类零件外圆精加工的主要方法。它既能加工淬火的黑色金属零件，也可以加工不淬火的黑色金属和有色金属零件。根据工件夹紧和驱动方式的不同，外圆磨削可分为定心磨削与无心磨削。

1. 定心磨削

定心磨削即普通的外圆磨削，是指工件由中心孔定位，在磨床上进行磨削的加工方法。根据进给方式的不同，定心磨削又可分为纵向进给磨削和横向进给磨削。

1）纵向进给磨削

纵向进给磨削又称纵向磨削，是指使工作台做纵向往复运动进行磨削的方法，如图2-2所示。采用这种方法磨外圆时，砂轮的高速旋转为主运动，工件旋转并同工作台一起做纵向往复进给运动。每一纵向行程结束，砂轮便做一次横向进给运动，且每次横向进给量很小。因此，纵向进给磨削能获得较高的加工精度和表面质量。但纵向进给磨削具有生产率较低的特点，通常用于零件的精磨加工或单件小批生产。

2）横向进给磨削

横向进给磨削又称切入磨削，是指用宽砂轮进行横向切入磨削的方法，如图2-3所示。这种方法所用砂轮的宽度大于工件磨削表面的宽度，磨削时砂轮以缓慢的速度连续或间断地向工件做横向进给运动。横向进给磨削只需要一次行程就可完成，生产率较高，但磨削力较大、磨削温度较高、加工表面质量较低。因此，横向进给磨削适用于刚度好、外圆精度要求低的零件或成批生产。

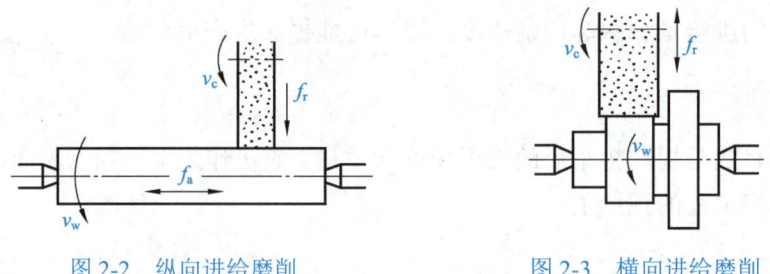

图2-2 纵向进给磨削　　　图2-3 横向进给磨削

2. 无心磨削

无心磨削是指工件不用中心孔定位，而是以工件上被磨削的外圆定位，在无心磨床上进行磨削的加工方法。采用无心磨削加工时，托架将工件支承在砂轮和导轮之间，由导轮驱动工件旋转，并将其压向做旋转主运动的砂轮以进行磨削。

知识角

贯穿法无心磨削和切入法无心磨削

无心磨削也有纵向进给和横向进给两种磨削方式，它们分别称为贯穿法无心磨削和切入法无心磨削，如图2-4所示。

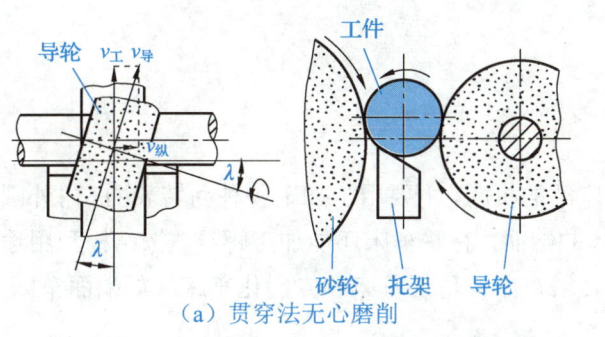
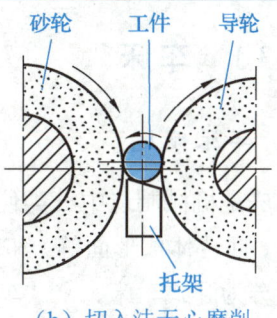

（a）贯穿法无心磨削　　　　　　（b）切入法无心磨削

图 2-4　无心磨削

采用贯穿法无心磨削这种方法磨削外圆时，工件处于砂轮和导轮之间，下面由托架支承，砂轮水平放置，导轮轴线倾斜一个不大的 λ 角，从而使导轮的圆周速度 $v_导$ 分解为带动工件旋转的 $v_工$ 和使工件纵向进给的 $v_纵$。这样，工件在加工中做旋转运动的同时，还会做纵向进给运动。

采用切入法无心磨削这种方法磨削外圆时，导轮带动工件旋转并使工件压向砂轮，工件、导轮及托架一起向砂轮做横向进给运动。磨削结束后，导轮后退即可取下工件。

与定心磨削相比，无心磨削具有以下优点和缺点。

优点：① 不需要打中心孔、退刀和装夹工件，可进行连续加工，且易于实现上下料的自动化，辅助时间短，生产率高；② 托架和导轮定位比顶尖和中心架定位支承刚度好，可采用较大的切削用量进行高速、强力磨削，利于细长轴的加工。

缺点：① 砂轮的磨损、进给机构的补偿和切入机构的重复定位误差会影响零件的直径尺寸精度，需要经常对机床进行调整，且调整较为复杂、费时；② 磨削表面与非磨削表面的相对位置精度（如同轴度、垂直度等）不能得到保证。

经验传承

对于精度要求高、表面粗糙度值小的工件外圆，还需经过研磨、超精加工等才能达到要求；对某些精度要求不高但要求光亮的表面，可通过滚压或抛光获得。

2.3　轴类零件常用的机床设备和刀具

加工轴类零件的机床设备和刀具种类繁多。机床设备有车床、磨床、钻床和铣床等；刀具有车刀、砂轮、铰刀、麻花钻和扩孔钻等。本节重点介绍车床、磨床、车刀和砂轮。

2.3.1 车床

1. 车床概述

车床是机械制造中一类使用最广泛的机床,主要用于加工各种回转表面(内外圆柱面、圆锥面、回转体成形面等)和回转体的端面,有些车床还能加工螺纹。按结构和用途不同,车床可分为卧式车床、立式车床、转塔车床、仿形车床和专门化车床(如端面车床)等,如图 2-5 所示。

(a) 卧式车床

(b) 立式车床

(c) 转塔车床

(d) 仿形车床

(e) 端面车床

图 2-5 车床

在所有类型的车床中,卧式车床应用最为普遍,其加工经济精度一般为IT8左右,精车的表面粗糙度 Ra 为 1.25～2.5 μm。因此,下面以 CA6140 型卧式车床为例进行介绍。

2. CA6140 型卧式车床

CA6140 型卧式车床具有典型的卧式车床布局,它通用性强,适合加工轴类零件和直径不大的盘形零件,可以车削内外圆、圆锥面、环槽、成形面和端面,车削公制、英制、模数制及径节制四种标准螺纹,车削大螺距、非标准和较精密的螺纹,还可以进行钻孔、扩孔、铰孔、滚压等加工。CA6140 型卧式车床如图 2-6 所示,其主要部件及功用如表 2-5 所示。

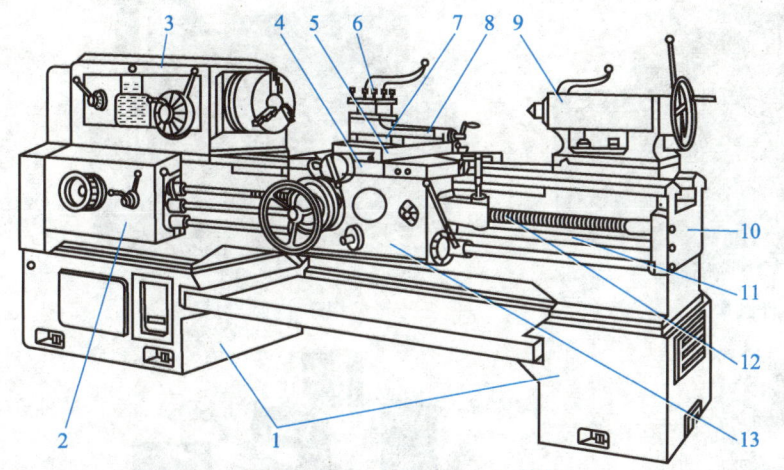

1—床腿;2—进给箱;3—主轴箱;4—床鞍;5—中滑板;6—刀架;7—回转盘;
8—小滑板;9—尾座;10—床身;11—光杠;12—丝杠;13—溜板箱。

图 2-6 CA6140 型卧式车床

表 2-5 CA6140 型卧式车床的主要部件及功用

主要部件名称	功用
床身	床身上装有进给箱、溜板箱等部件,并保证它们处于准确的相对位置
主轴箱	主轴箱支承主轴和传递旋转运动,并实现车床的启动、停止、变速、换向等。主轴轴端为短锥法兰形结构,用于安装卡盘或夹具
进给箱	进给箱内装有用于实现进给运动的齿轮变换机构,可通过改变光杠或丝杠转速获得所需要的各种进给量,以及变换加工螺纹的种类和导程
溜板箱	溜板箱把光杠或丝杠传来的旋转运动转换为刀架的直线移动,带动刀架纵向、横向或斜向进给,控制刀架的接通、断开、换向等
刀架	刀架安装在溜板箱的中滑板上,用于装夹刀具,使车刀做纵向、横向或斜向运动
尾座	尾座可沿导轨纵向调整位置,可以安装顶尖,以支承工件;也可以安装钻头等刀具,以进行孔的加工

2.3.2 磨床

1. 磨床概述

磨床是指利用磨料或磨具（砂轮、砂带、油石等）对工件表面进行磨削加工的机床。磨床的应用范围非常广泛，种类也很多，它主要有外圆磨床、内圆磨床、坐标磨床、平面磨床、曲轴磨床、砂带磨床等，如图 2-7 所示。M1432A 型万能外圆磨床应用最广泛，下面以该磨床为例进行介绍。

（a）外圆磨床 　　　　　　　　　（b）内圆磨床

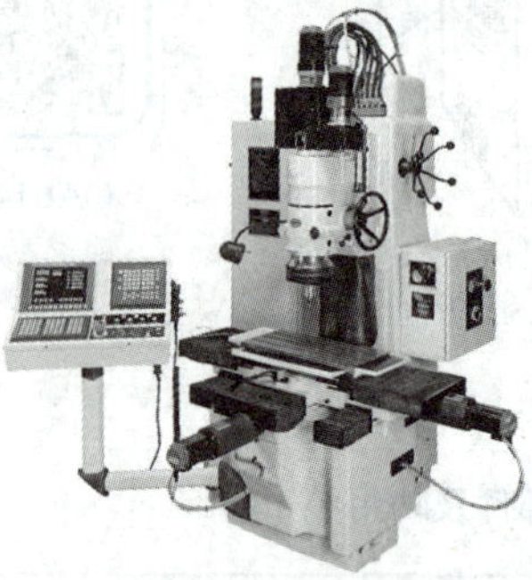

（c）坐标磨床 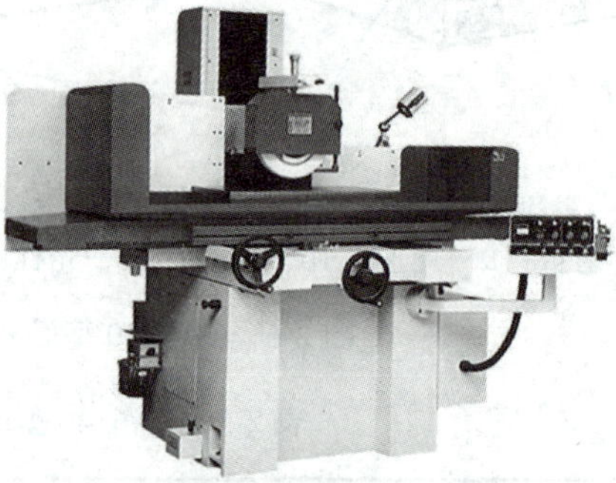　　　　　　　　　（d）平面磨床

（e）曲轴磨床 　　　　　　　　　（f）砂带磨床

图 2-7　磨床

2. M1432A 型万能外圆磨床

M1432A 型万能外圆磨床是普通精度级万能外圆磨床。它不仅可以磨外圆、端面和外圆锥面,还可以磨内圆、内台阶面和大锥度内圆锥面等。M1432A 型万能外圆磨床如图 2-8 所示,其主要部件及功用如表 2-6 所示。

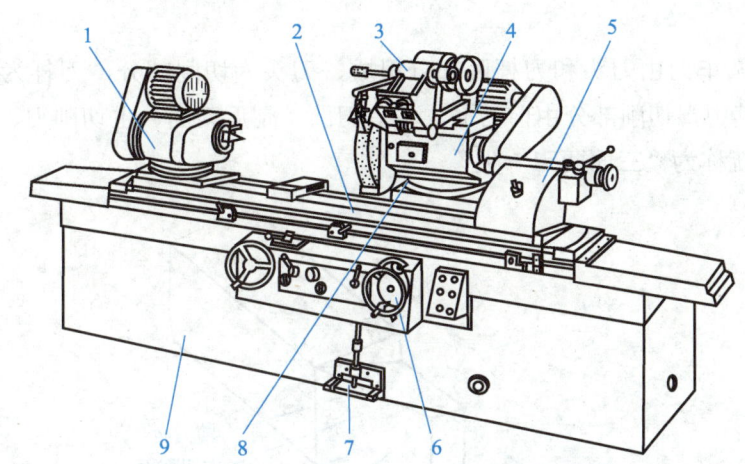

1—头架;2—工作台;3—内圆磨具;4—砂轮架;5—尾座;6—横向进给手轮;
7—脚操纵板;8—滑鞍及横向进给机构;9—床身。

图 2-8 M1432A 型万能外圆磨床

表 2-6 M1432A 型万能外圆磨床的主要部件及功用

主要部件名称	功用
床身	床身是磨床的基础支承件,其上装有工作台、头架、砂轮架、尾座等部件,内部有液压缸及其他液压元件,用来驱动工作台和滑鞍的移动
工作台	工作台由上下两层组成。其中,上工作台可绕下工作台在水平面内回转一定角度(±10°),以便磨削圆锥面;下工作台可由液压装置或横向进给手轮驱动,沿床身导轨做进给运动
头架	头架固定在工作台上,用来安装工件并带动工件旋转。头架可在水平面转动,当头架旋转一个角度时可磨削短圆锥面,当头架按逆时针转 90°时可磨削小平面
砂轮架	砂轮架由壳体、主轴、传动装置等组成。砂轮安装在砂轮架主轴上,由电机通过皮带驱动而实现高速回转。砂轮架可在水平面内旋转一定角度(±30°),用以磨削锥度较大的短锥面
尾座	尾座利用安装在尾座套筒上的顶尖(后顶尖)与头架主轴上的前顶尖一起支承工件,使工件实现准确定位
滑鞍及横向进给机构	转动横向进给手轮,可通过横向进给机构带动滑鞍及砂轮架做横向移动;也可利用液压装置,通过脚操纵板使砂轮架做快速进退或周期性自动切入进给运动
内圆磨具	内圆磨具是磨内孔用的砂轮主轴,做成独立部件安装在支架的孔中,由单独的电机驱动

2.3.3 车刀

车刀是金属切削加工中一种应用最广泛的刀具。它可在各类车床上加工外圆、内孔、倒角、螺纹及各种内外回转体成形表面，也可用于切断和切槽等。

1. 车刀的组成

常见的外圆车刀由刀头和刀杆两部分组成，刀头为切削部分，刀杆为支承部分，如图 2-9 所示。其中，切削部分由前刀面、主后刀面、副后刀面、主切削刃、副切削刃和刀尖组成，它们统称为"三面两刃一尖"。

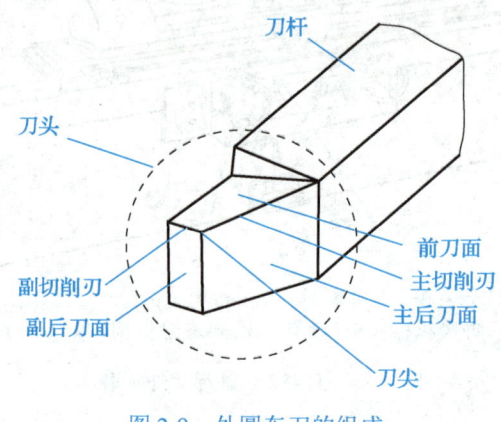

图 2-9 外圆车刀的组成

2. 车刀的几何角度

1）刀具角度参考系

刀具角度的大小及其空间相对位置通常利用正投影原理，采用多面投影的方法来表示。用来确定刀具角度的投影体系称为**刀具角度参考系**，参考系中的投影面称为**参考平面**。刀具角度的参考系分为刀具静止参考系和刀具工作参考系两类。

刀具静止参考系是指在刀具设计、制造、刃磨及测量时，因无法确定切削运动的方向和大小而在假定条件下设立的角度参考系。在静止参考系中确定的刀具角度称为**刀具的标注角度**，它用来确定切削刃和刀面相对于定位基准的几何位置。刀具静止参考系主要有正交平面参考系、法平面参考系和假定工作平面参考系三种，其中，最常用的是正交平面参考系。如图 2-10 所示，正交平面参考系由基面 P_r、切削平面 P_s、正交平面 P_o 组成。

刀具工作参考系是指在刀具实际工作状态下建立的参考系。在工作参考系中确定的刀具角度称为**刀具的工作角度**,它用来确定切削过程中切削刃和刀面相对于工件的几何位置。

2)刀具的标注角度

一般来说,刀具的标注角度应以正交平面参考系的标注角度为主,根据需要可兼用其他平面参考系的标注角度。正交平面参考系的标注角度是指对刀具在该参考系中三个参考平面的投影测量所得的角度。在正交平面参考系中,确定外圆车刀切削部分的结构需要前角γ_o、后角α_o、主偏角κ_r、副偏角κ_r'和刃倾角λ_s五个基本角度,如图2-11所示。

车刀主要标注角度的选取方法

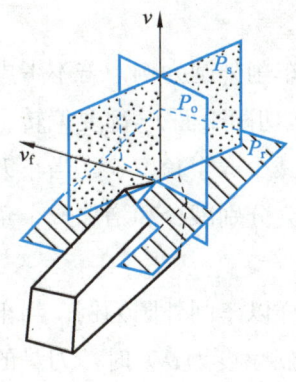

图2-10 正交平面参考系

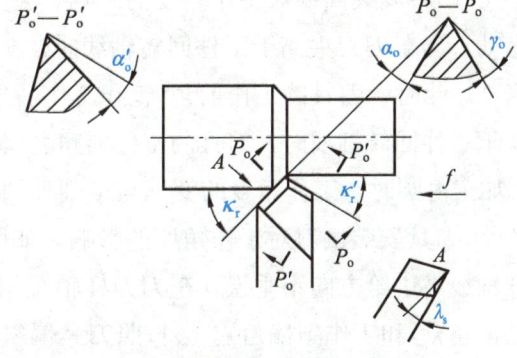

图2-11 外圆车刀的标注角度

(1)**前角γ_o**是指在正交平面测量的前刀面与基面之间的夹角。它表示前刀面的倾斜程度。当基面在前刀面之上时,γ_o为正值;当基面在前刀面之下时,γ_o为负值;当基面与前刀面平行时,γ_o为零。

(2)**后角α_o**是指在正交平面测量的主后刀面与切削平面之间的夹角。它表示主后刀面的倾斜程度,一般为正值。

(3)**主偏角κ_r**是指在基面测量的主切削刃在基面的投影与进给运动方向之间的夹角,一般为正值。

(4)**副偏角κ_r'**是指在基面测量的副切削刃在基面的投影与进给运动反方向之间的夹角。

(5)**刃倾角λ_s**是指在切削平面测量的主切削刃与基面之间的夹角。当刀尖为主切削刃的最高点时,λ_s为正值;当刀尖为主切削刃的最低点时,λ_s为负值;当主切削刃与基面平行时,λ_s为零。

要完全确定车刀切削部分所有表面的空间位置,还需要确定副后角α_o'。**副后角α_o'**是指在副正交平面内测量的副后刀面与副切削平面之间的夹角。

> **知识角**
>
> 主切削平面是指通过切削刃选定点与主切削刃相切并垂直于基面的平面；副切削平面是指通过切削刃选定点与副切削刃相切并垂直于基面的平面。

3) 刀具的工作角度

刀具的标注角度是在静止参考系中测量的，但在实际的切削过程中，刀具的安装位置及进给运动方向的变化，会引起参考系各组成平面发生变化，从而使刀具的工作角度不同于标注角度。下面就刀具安装位置和进给运动对工作角度的影响分别进行介绍。

（1）刀具安装位置对工作角度的影响。

① 刀具安装高低对工作角度的影响。如图 2-12 所示，以车削外圆为例，若不考虑进给运动，当车刀刀尖高于工件回转轴线时，工作基面 P_{re} 和工作切削平面 P_{se} 都要偏转一个角度 θ。此时，刀具的工作前角 γ_{oe} 和工作后角 α_{oe} 分别增加和减少一个角度 θ。当车刀刀尖低于工件回转轴线时，刀具的工作前角 γ_{oe} 和工作后角 α_{oe} 将会分别减少和增加一个角度 θ。加工内圆时，工作角度的变化与车削外圆相反。

② 刀具安装偏斜对工作角度的影响。如图 2-13 所示，同样以车削外圆为例，当车刀刀杆轴线与进给方向不垂直（车刀刀杆轴线相对进给方向的倾斜角度为 θ）时，刀具的工作主偏角 κ_{re} 和工作副偏角 κ'_{re} 会按照刀具偏斜的方向分别增加和减少一个角度 θ。

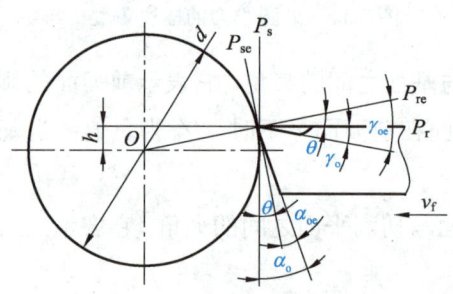

图 2-12 刀具安装高低对工作角度的影响

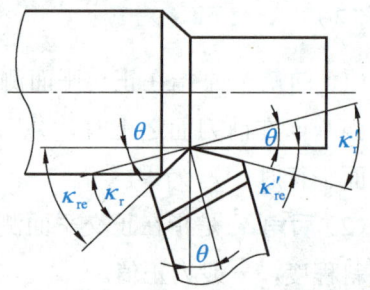

图 2-13 刀具安装偏斜对工作角度的影响

（2）进给运动对工作角度的影响。

一般来说，切削时进给速度远小于切削速度，刀具的工作角度近似等于标注角度。但当进给速度较大时，合成切削运动方向发生改变，工作角度会出现较大改变，这时必须考虑进给运动对工作角度的影响。

① 纵向进给运动对工作角度的影响。车外圆和螺纹时，由于纵向（平行于工件回转轴线）进给运动的存在，加工表面是一个螺旋面。如图 2-14 所示，在假定工作平面 P_f 中，工作基面 P_{re} 和工作切削平面 P_{se} 要偏转一个附加的螺旋升角 μ_f，车刀的工作前角 γ_{fe} 增大，工作后角 α_{fe} 减小。

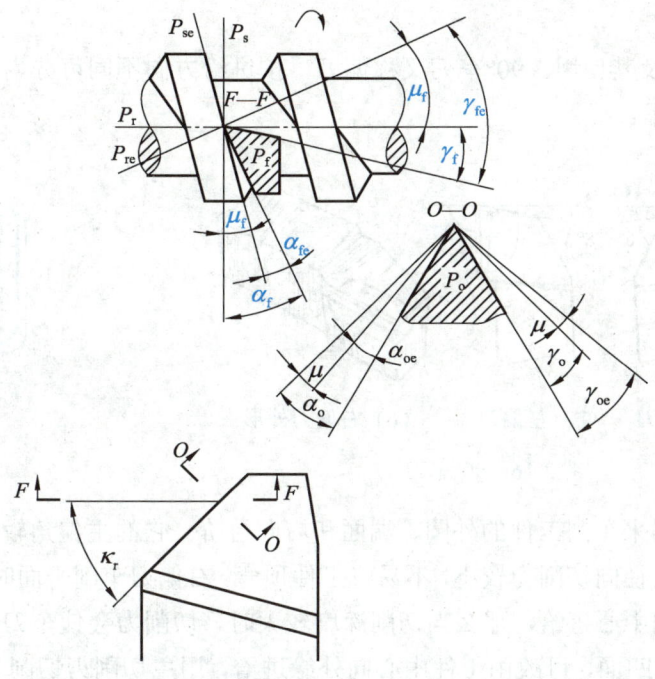

图 2-14 纵向进给运动对工作角度的影响

② 横向进给运动对工作角度的影响。车端面和进行切断时,由于横向(垂直于工件回转轴线)进给运动的存在,加工表面是阿基米德螺旋面。如图 2-15 所示,工作基面 P_{re} 和工作切削平面 P_{se} 要偏转一个附加的螺旋升角 μ,车刀的工作前角 γ_{oe} 增大,工作后角 α_{oe} 减小。

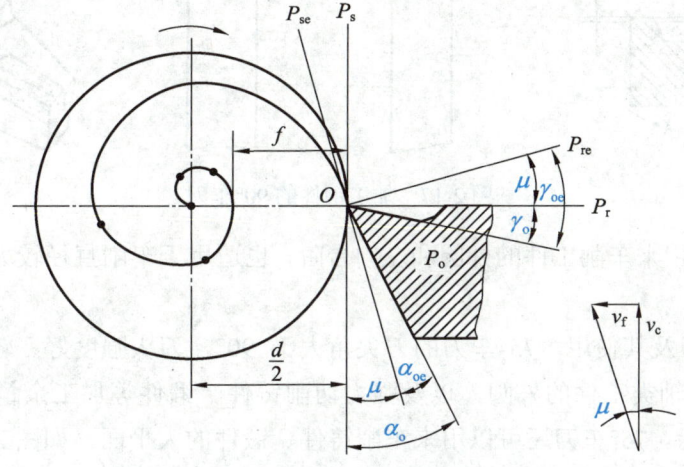

图 2-15 横向进给运动对工作角度的影响

3. 车刀的选用

1) 车外圆、平面和台阶的车刀

车外圆、平面和台阶的常用车刀有主偏角为 90°、75° 和 45° 等的车刀,即 90°车刀、75°

车刀和 45°车刀。

（1）90°车刀及其使用。90°车刀又称偏刀，按进给方向不同可分为右偏刀和左偏刀两种，如图 2-16 所示。

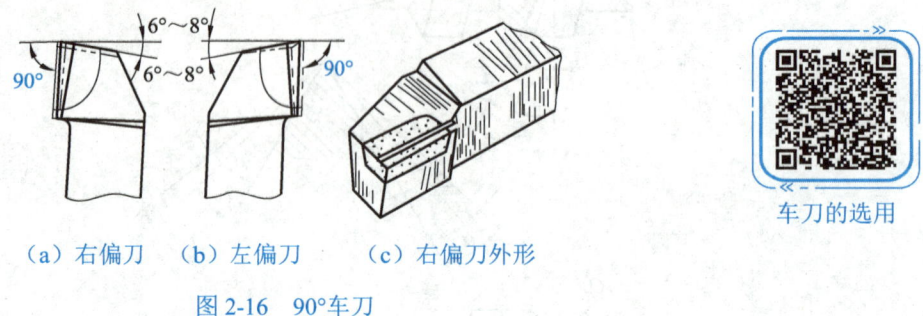

(a) 右偏刀　(b) 左偏刀　(c) 右偏刀外形

图 2-16　90°车刀

车刀的选用

右偏刀一般用来车削工件的外圆、端面和右向台阶。它的主偏角较大，车外圆时作用于工件半径方向的径向切削力较小，不易将工件顶弯。右偏刀车削平面时用副切削刃切削，如果由工件外缘向中心进给，那么当切削深度较大时，切削力会使车刀扎入工件而形成凹面。为了防止产生凹面，可改由工件中心向外缘进给，用主切削刃切削。如图 2-17 所示为较典型的加工钢件的 90°车刀。

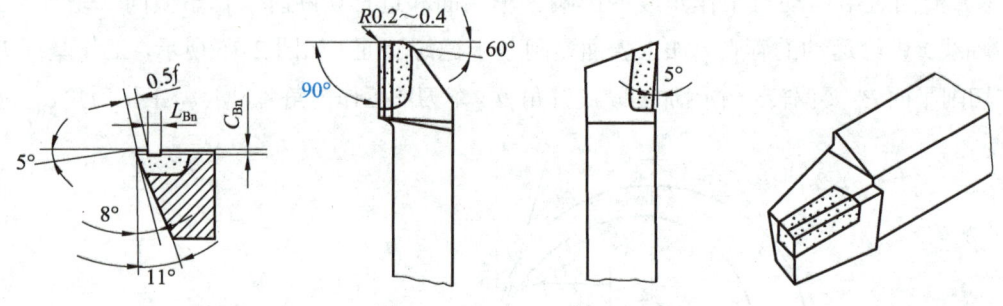

图 2-17　加工钢件的 90°车刀

左偏刀一般用来车削工件的外圆和左向台阶，也适用于车削直径较大和长度较短工件的端面。

（2）75°车刀及其使用。75°车刀的刀尖角大于 90°，刀头强度好、较耐用，因此 75°车刀适用于粗车轴类工件的外圆，以及强力切削铸件、锻件等加工余量较大的工件，如图 2-18（a）所示。75°车刀还可以用来车削铸件、锻件的大平面，如图 2-18（b）所示。

（3）45°车刀及其使用。45°车刀的刀尖角为 90°，刀头强度和散热条件都比 90°车刀好，因此 45°车刀常用于车削工件的端面和进行 45°倒角，也可以用来车削直径较小的外圆，如图 2-19 所示。

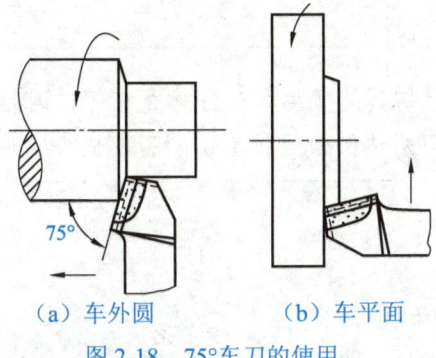
（a）车外圆　　（b）车平面
图 2-18　75°车刀的使用

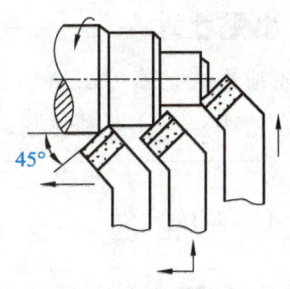
图 2-19　45°车刀的使用

2）切断刀

切断刀以横向进给为主，前端的切削刃是主切削刃，两侧的切削刃是副切削刃。为了减少工件材料的浪费，切断时应切到工件的中心。一般切断刀的主切削刃较窄，刀头较长，刀头强度比其他车刀差，因此在选择几何参数和切削用量时应特别注意。常用的切断刀有高速钢切断刀和硬质合金切断刀，如图 2-20 所示。

切断刀的种类

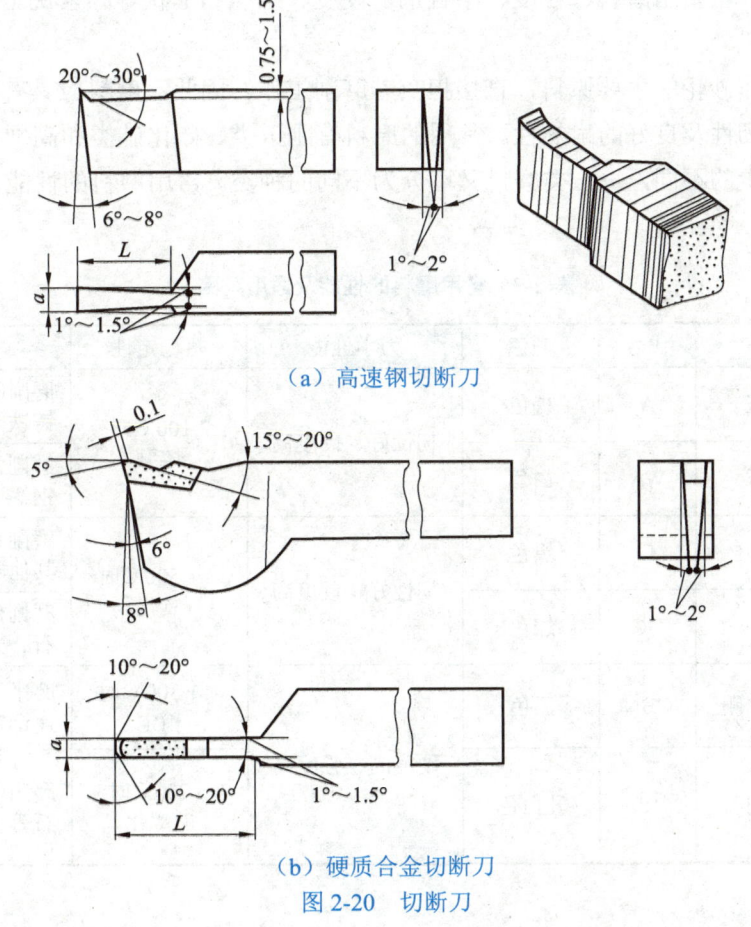
（a）高速钢切断刀

（b）硬质合金切断刀
图 2-20　切断刀

> **小贴士**
>
> 用硬质合金切断刀高速切断工件时，由于切屑的宽度和工件槽宽相等，因此切屑容易堵塞在槽内。为了顺利排屑，可在主切削刃两边倒角或将主切削刃磨成人字形。

2.3.4 砂轮

磨具是指以磨料为主制成的切削工具，如砂轮、油石和砂带等，其中以砂轮应用最广。**砂轮**是指一种由一定比例的磨料和结合剂经压制和烧结而成的磨具。砂轮的种类繁多，不同砂轮可分别对工件的外圆、内圆、平面和各种型面等进行粗磨、半精磨和精磨，以及对工件进行切断和开槽等。

1. 砂轮的特性

砂轮的特性主要由磨料、粒度、结合剂、硬度、组织和形状等因素决定。

1) 磨料

磨料是制作砂轮的主要原料，直接担负着磨削工作。因此，磨料应具有很高的硬度、一定的强度和韧性及良好的耐热性。常用的磨料有刚玉类、碳化硅类和高硬度磨料类。按纯度和添加元素的不同，每一类磨料又可分为不同的种类。常用磨料的性能及适用范围如表 2-7 所示。

表 2-7 常用磨料的性能及适用范围

磨料名称		代号	颜色	力学性能	热稳定性	适用范围
刚玉类	棕刚玉	A	褐色	韧性好、硬度高	2 100℃时熔融	磨削碳钢、合金钢、铸铁等
	白刚玉	WA	白色			磨削淬火钢、高速钢等
碳化硅类	黑碳化硅	C	黑色	韧性好、硬度高	>1 500℃时氧化	磨削铸铁、黄铜、其他非金属材料等
	绿碳化硅	GC	绿色			磨削硬质合金、宝石、光学玻璃等
高硬度磨料类	立方氮化硼	CBN	黑色	硬度高、强度高	<1 300℃时稳定	磨削硬质合金、高速钢等
	人造金刚石	JR	乳白色		>700℃时石墨化	磨削硬质合金、宝石等

2）粒度

粒度指磨料颗粒的粗细程度。磨料的粒度规格用粒度号来表示。一般将粒度规格分为两类：一类是用于固结磨具、研磨、抛光的粒度规格，其粒度号以"F"打头，即"F 粒度号磨料"；另一类是用于涂附磨料的磨粒粒度规格，其粒度号以"P"打头，即"P 粒度号磨料"。粒度号越小，磨粒越粗。粒度号越大，磨粒越细。

不同粒度磨料的适用范围如表 2-8 所示。

表 2-8　不同粒度磨料的适用范围

磨料粒度	适用范围
F4～F24	磨钢锭，铸件打毛刺，切断钢坯等
F30～F46	外圆磨削、平面磨削和无心磨削
F54～F100	精磨和刃磨刀具
F120～F220	精磨、珩磨和螺纹磨
F230～F1200	精细研磨

3）结合剂

结合剂的作用是将磨粒黏合起来，使之形成砂轮。结合剂的性能在很大程度上决定了砂轮的强度、抗冲击性、耐热性及耐蚀性等。常用结合剂的性能及适用范围如表 2-9 所示。

表 2-9　常用结合剂的性能及适用范围

结合剂名称	代号	性能	适用范围
陶瓷	V	耐热，耐蚀，气孔率大，易保持廓形，弹性差	适用于各类磨削加工
树脂	B	强度较陶瓷高，弹性好，耐热性差	适用于高速磨削、切断、开槽等
橡胶	R	强度较树脂高，更富有弹性，气孔率小，耐热性差	适用于切断、开槽及作无心磨削的导轮
菱苦土	MG	强度较低，自锐性好，容易水解	适用于磨削加工农用刀具、切纸刀具及胶体材料等

4）硬度

硬度是指砂轮表面的磨粒在外力作用下脱落的难易程度，它反映了结合剂黏结磨粒的牢固强度。砂轮硬表示磨粒难以脱落，砂轮软则与之相反。可见，砂轮的硬度主要由结合剂的粘结强度决定，而与磨粒的硬度无关。常用砂轮的硬度等级名称及代号如表 2-10 所示。

对于硬度合适的砂轮，磨粒磨钝后会自动从砂轮上脱落，露出新的磨粒以继续进行磨削。若砂轮硬度太高，磨粒磨钝后仍不脱落，则会造成切削力的增大和切削温度的升高，严重影响工件表面质量，甚至烧伤工件表面；反之，若砂轮太软，磨粒还没有磨钝就自行脱落，则砂轮会消耗过快，并且容易失去正常的形状，不利于磨削加工。

表 2-10　常用砂轮的硬度等级名称及代号

硬度等级名称		代号	硬度等级名称		代号
大级名称	小级名称		大级名称	小级名称	
超软	超软 1	A	软	软 3	K
	超软 2	B	中	中 1	L
	超软 3	C		中 2	M
	超软 4	D		中 3	N
很软	很软 1	E	硬	硬 1	P
	很软 2	F		硬 2	Q
	很软 3	G		硬 3	R
软	软 1	H		硬 4	S
	软 2	J	很硬/超硬		T/Y

砂轮硬度的选择原则如下。

（1）工件材料硬度较大时，应选用较软的砂轮；反之，应选用较硬的砂轮。但对于有色金属、橡胶和树脂等硬度很低的材料，为避免堵塞砂轮应选用较软的砂轮。

（2）磨削接触面积较大或磨削薄壁零件及导热性差的零件时，应选用较软的砂轮。

（3）对于粗磨与半精磨，应选用较软的砂轮；对于精磨和成形磨削，应选用较硬的砂轮。

> **经验传承**
>
> 在机械加工时，常用的砂轮硬度等级一般为 H～N。

5）组织

组织是指磨粒、结合剂和气孔三者体积的比例关系，用来表示磨粒排列的疏密状态。砂轮的组织用组织号来表示，组织号一般以磨粒占砂轮体积的百分比（即磨粒率）来划分。组织号越大，表示组织越疏松，相应的磨粒率越低。砂轮的组织号及适用范围如表 2-11 所示。

表 2-11　砂轮的组织号及适用范围

组织号	0	1	2	3	4	5	6	7	8	9	10	11	12	13	14
磨粒率/%	62	60	58	56	54	52	50	48	46	44	42	40	38	36	34
疏密程度	紧密				中等				疏松				大气孔		
适用范围	重负荷、成形、精密磨削，磨削加工脆硬材料工件				外圆磨削、内圆磨削、无心磨削，磨削淬火钢工件及刃磨刀具				磨削韧性大、硬度小的工件，磨削薄壁、细长工件或砂轮与工件接触面大的磨削及平面磨削等				磨削有色金属，塑料、橡胶等非金属材料，以及热敏合金材料工件		

6）形状

砂轮有许多不同的形状和尺寸，常用砂轮的代号、断面形状及适用范围如表 2-12 所示。

表 2-12　常用砂轮的代号、断面形状及适用范围

砂轮名称	代号	断面形状	适用范围
平形砂轮	1		外圆磨削、内圆磨削、平面磨削和无心磨削
筒形砂轮	2		端磨平面
双斜边砂轮	4		磨齿轮及螺纹
杯形砂轮	6		磨平面、内圆，刃磨刀具
碗形砂轮	11		刃磨刀具、磨导轨
蝶形一号砂轮	12a		磨铣刀、铰刀、拉刀和齿轮

2. 砂轮的标记

砂轮的标记印在砂轮的端面上，依次由磨具名称、产品标准号、基本形状代号、尺寸、磨料种类、磨料粒度、硬度等级、组织号、结合剂种类、最高工作速度等组成。例如，参考 GB/T 2484—2018《固结磨具　一般要求》，外径 300 mm、厚度 50 mm、孔径 75 mm、棕刚玉、粒度号 60#、硬度 L、5 号组织、陶瓷结合剂、最高工作速度 35 m/s 的平形砂轮标记为平行砂轮 GB/T 2484 1-300×50×75-A/F60L5V-35 m/s。

2.4　轴类零件的装夹

根据轴类零件形状、大小和加工数量的不同，常用的装夹方法有用自定心卡盘装夹、用单动卡盘装夹、用两顶尖装夹和一夹一顶装夹。

2.4.1　用自定心卡盘装夹

自定心卡盘（也称三爪卡盘）如图 2-21 所示，它的三个卡爪是同步运动的，能自动定心，工件装夹后一般不需要找正。但较长工件尾端的旋转中心不一定与车床的旋转中心重合，这时必须找正。当自定心卡盘使用时间较长且精度下降，而工件加工部位的精度要求较高时，也必须找正。

自定心卡盘的特点是装夹工件方便、省时，但夹紧力没有单动卡盘大，所以自定心卡盘通常用于装夹外形规则的中、小型工件。

2.4.2 用单动卡盘装夹

单动卡盘（也称四爪卡盘）如图 2-22 所示，由于它的四个卡爪各自独立运动，因此工件装夹时必须将加工部分的旋转中心找正，直到其与车床主轴的旋转中心重合后才可车削。

单动卡盘的特点是找正比较费时，但夹紧力较大，所以单动卡盘通常用于装夹大型或形状不规则的工件。

图 2-21 自定心卡盘

图 2-22 单动卡盘

经验传承

单动卡盘有正爪和反爪两种安装形式，其中反爪用来装夹直径较大的工件。

2.4.3 用两顶尖装夹

对于必须经过多道工序才能完成加工的轴类工件，为保证每次安装时的精度可用两顶尖装夹工件。两顶尖装夹的特点是装夹工件方便，不需要找正，装夹精度高，夹紧力小。用两顶尖装夹工件时需要注意以下几点。

（1）前后顶尖轴线应同轴，否则车削出来的工件不是圆柱体而是圆锥体。
（2）尾座套筒在不影响车削的前提下，应尽量伸出短些，以提高刚度，减少振动。
（3）中心孔应光洁，安装前应清除中心孔内的切屑等异物。
（4）两顶尖与工件中心孔之间的配合必须松紧适宜，不能太松或太紧。

知识角

用两顶尖装夹工件前必须先在工件端面钻出中心孔，必要时还要对其修研。
（1）中心孔加工。中心孔是加工轴类零件常采用的定位基准，它的质量直接影响轴的加工精度，所以对中心孔的加工有以下要求。
① 两端中心孔应在同一轴线上而且深度一致。
② 应保证中心孔的圆度。

③ 中心孔位置应保证工件的加工余量均匀。

④ 中心孔的尺寸应与工件的直径尺寸相适应。

在车床上钻中心孔前，必须将尾座严格地校正，使其对准主轴中心。直径 6 mm 以下的中心孔通常用中心钻直接钻出。

（2）中心孔修研。在加工过程中，由于中心孔的磨损及热处理后的氧化变形，有必要对中心孔进行修研，以保证定位精度。中心孔修研主要有以下三种。

① 用油石（或橡胶砂轮）修研。先将圆柱形油石（或橡胶砂轮）装夹在车床卡盘上，并用装在刀架上的金刚石笔将其前端修成 60°顶角，然后将工件顶在油石（或橡胶砂轮）和车床尾座顶尖之间，如图 2-23 所示。修研时，在油石（或橡胶砂轮）上涂少量润滑油，然后启动车床，使油石（或橡胶砂轮）转动，并用手把持工件使其缓慢断续转动。这种方法的修研质量和生产率均较高，故其在生产中应用较广。

② 用顶尖修研。将顶尖的锥面磨成六角形，并留有宽度 f 为 0.2～0.5 mm 的等宽刃带，如图 2-24 所示。采用这种锥面的顶尖，可通过锥面刃带对中心孔的切削和挤压作用来提高中心孔的精度。这种方法的生产率高，但质量稍差，故其多用于普通轴类零件中心孔的修研或精密轴类零件中心孔的粗研。

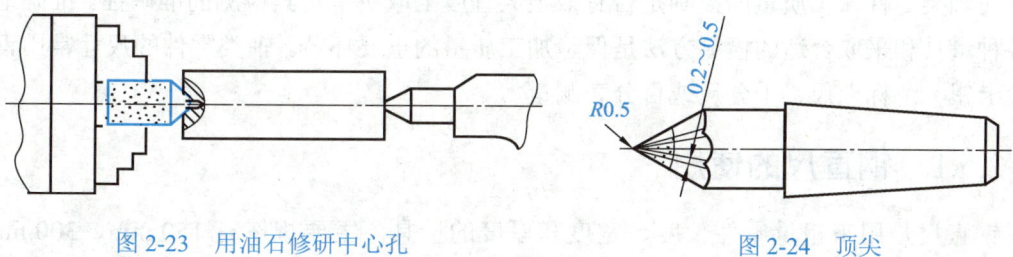

图 2-23　用油石修研中心孔　　　　　　　图 2-24　顶尖

③ 用专用磨床修研。使用专用磨床修研的中心孔可获得较高的加工精度，其圆度误差可控制在 0.8 μm 以内，表面粗糙度 Ra 可达 0.32 μm。这种方法生产率很高，故其适用于大批大量生产。

2.4.4　一夹一顶装夹

对于较长且质量和加工余量均较大的工件，可采取前端用卡盘夹紧、后端用后顶尖顶住的装夹方法，即一夹一顶装夹。为了防止工件轴向偏移并准确地控制尺寸，工件应进行轴向定位，即在车床主轴锥孔内装一个限位支承，也可以利用工件上的台阶限位，如图 2-25 所示。一夹一顶装夹能大大提高工件的刚度，使工件能承受较大的轴向切削力，且比较安全，同时可提高切削用量、缩短加工时间，应用十分广泛。

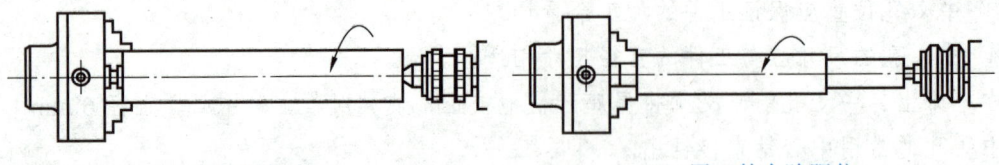

(a) 安装限位支承　　　　　　　　　(b) 用工件台阶限位

图 2-25　一夹一顶装夹

> 📝 笔记
> _____
> _____
> _____

2.5　轴类零件的检测

对轴类零件加工质量的控制是否有效很大程度上取决于对其检测的准确性。准确地使用各种量具和采取合适的检测方法是保障加工质量的重要环节。轴类零件的尺寸常用钢直尺、卡钳、游标卡尺、千分尺或百分表测量。

2.5.1　钢直尺的使用

钢直尺是用来粗量零件长度、宽度和厚度的量具,主要规格有 150 mm、300 mm、600 mm、1 000 mm 等四种。

钢直尺的测量结果不是很准确,由于其刻线间距为 1 mm,而刻线本身的宽度就有 0.1~0.2 mm,因此计数误差较大,只能读出毫米数。钢直尺在测量工件的外径和孔径时必须与卡钳配合使用。

2.5.2　卡钳的使用

卡钳是一种间接量具,分为普通内、外卡钳和弹簧内、外卡钳,如图 2-26 所示。

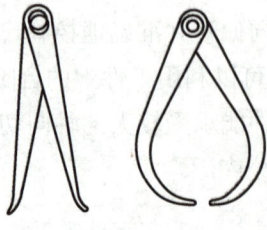　　　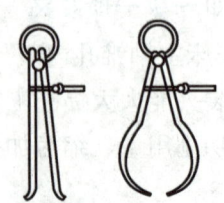

(a) 普通内、外卡钳　　　　　　　　(b) 弹簧内、外卡钳

图 2-26　卡钳的种类

使用外卡钳时，可用三个手指轻拿外卡钳，以松紧自如为宜，注意外卡钳要与被测面垂直而不能倾斜，如图 2-27（a）和（b）所示。

使用内卡钳时，可用三个手指轻握已调好开口的内卡钳，并将其轻轻放入孔内，令下卡脚贴紧孔壁，摆动上卡脚，量出最大直径，如图 2-27（c）所示。

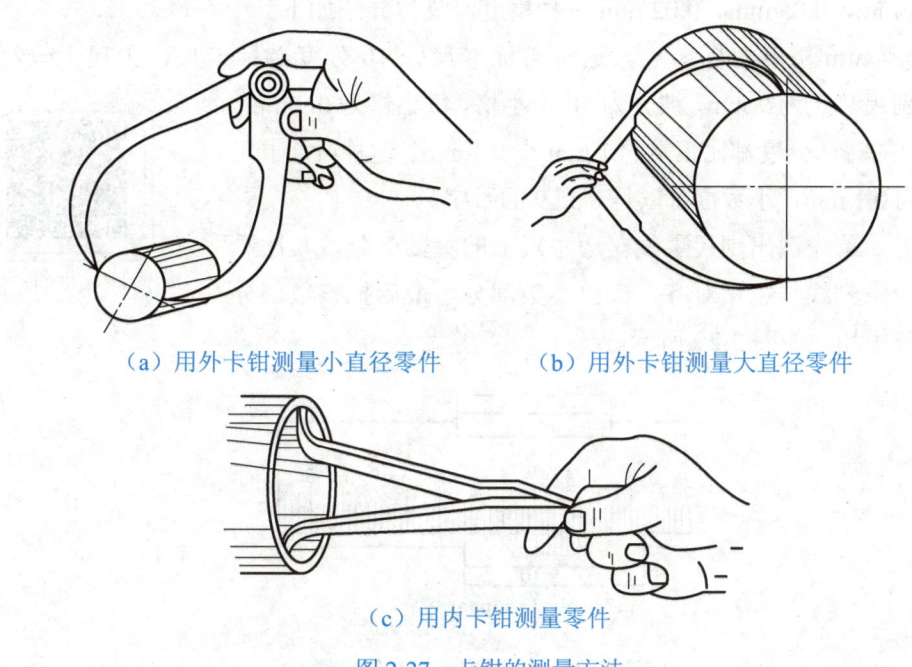

（a）用外卡钳测量小直径零件　　（b）用外卡钳测量大直径零件

（c）用内卡钳测量零件

图 2-27　卡钳的测量方法

2.5.3　游标卡尺的使用

1. 游标卡尺的结构

游标卡尺用来测量精度较高的零件，样式很多，现以常用的两用游标卡尺为例来进行介绍。两用游标卡尺主要由主尺、副尺、量爪、螺钉和深度尺组成，如图 2-28 所示。

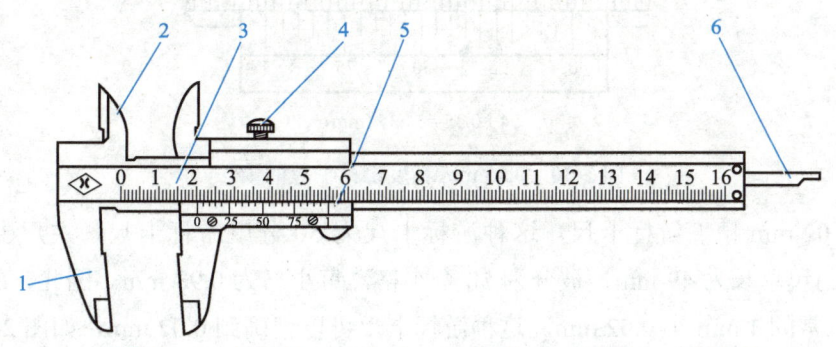

1—下量爪；2—上量爪；3—主尺；4—螺钉；5—副尺；6—深度尺。

图 2-28　两用游标卡尺的组成

2. 游标卡尺的读法

游标卡尺的读数是由主尺和副尺两部分的读数组成的。零件尺寸的整数部分，可在副尺零线左边的主尺刻线上读出来，而比 1 mm 小的小数部分，可借助副尺读出。游标卡尺通常有 0.1 mm、0.05 mm、0.02 mm 三种精度，具体介绍如下。

（1）0.1 mm 精度游标卡尺。这种游标卡尺为 10 分度游标卡尺，主尺上一小格为 1 mm，而副尺总长为 9 mm，被分为 10 个小格，每小格为 0.9 mm。因此，副尺的每一分度都比正常的 1 mm 小 0.1 mm。这种游标卡尺可以精确到 0.1 mm，小数位可以是 0 到 9 的数字。

游标卡尺的读法

读数时，首先读出副尺零线左边主尺上的整数部分，其次看副尺上哪一条刻线与主尺对齐，读出小数部分，最后把整数部分和小数部分相加，如图 2-29 所示。

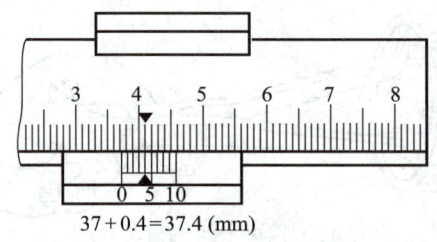

图 2-29　0.1 mm 精度游标卡尺的读法

（2）0.05 mm 精度游标卡尺。这种游标卡尺为 20 分度游标卡尺，主尺上一小格为 1 mm，而副尺总长为 19 mm，被分为 20 个小格，每小格为 0.95 mm。因此，副尺的每一分度都比正常的 1 mm 小 0.05 mm。这种游标卡尺可以精确到 0.05 mm，如图 2-30 所示。

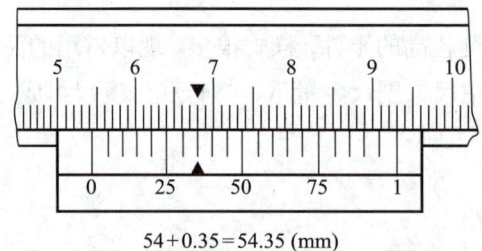

图 2-30　0.05 mm 精度游标卡尺的读法

（3）0.02 mm 精度游标卡尺。这种游标卡尺为 50 分度游标卡尺，主尺上一小格为 1 mm，而副尺总长为 49 mm，被分为 50 个小格，每小格为 0.98 mm。因此，副尺的每一分度都比正常的 1 mm 小 0.02 mm。这种游标卡尺可以精确到 0.02 mm，如图 2-31 所示。

项目 2 轴类零件机械加工工艺规程

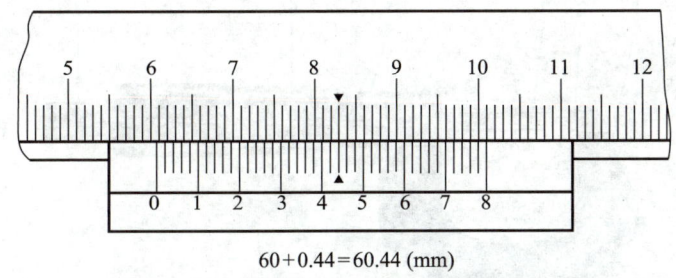

60+0.44=60.44 (mm)

图 2-31　0.02 mm 精度游标卡尺的读法

经验传承

使用游标卡尺的注意事项

（1）清理量爪测量面。

（2）校对零位，游标卡尺两量爪应紧密贴合、无明显的缝隙，主尺零线与副尺零线应对齐。

（3）用完带深度尺的游标卡尺后，要把量爪合拢，以免较细的深度尺露在外边，容易变形甚至折断。

（4）测量结束后要把游标卡尺（尤其大尺寸的）平放，以免尺身弯曲变形。

（5）使用完游标卡尺后，要擦净上油，将其放到卡尺盒内，注意不要使其锈蚀或污染。

2.5.4　千分尺的使用

1. 千分尺的结构

千分尺（又称螺旋测微器）是一种精密量具，适用于测量精度要求较高零件的外径、内径、长度、形状偏差、厚度等。根据用途不同，千分尺可分为外径千分尺、内径千分尺、公法线千分尺、螺纹千分尺、深度千分尺和壁厚千分尺等。现以常用的外径千分尺为例来进行介绍。

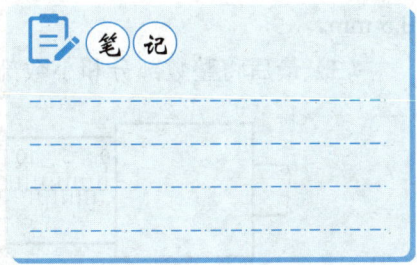

外径千分尺主要由尺架、砧座、测微螺杆、锁紧装置、固定套管、微分筒和棘轮等组成，如图 2-32 所示。测量时，先转动微分筒，使测微螺杆端面逐渐接近零件被测表面，再转动棘轮，直到棘轮打滑并发出"咔咔"声为止，这时就可读出零件尺寸。注意测量面与零件表面必须平行接触。测量后，若需要保留尺寸，则可用锁紧装置加以锁紧，并轻轻取下外径千分尺。

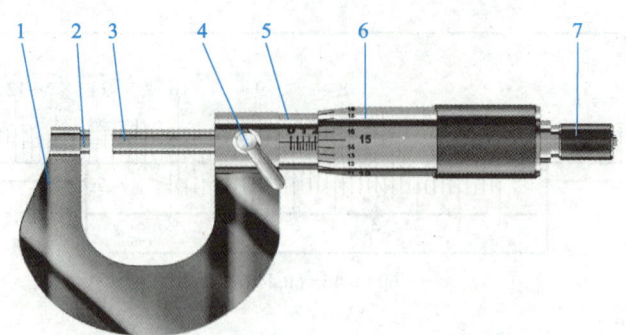

1—尺架；2—砧座；3—测微螺杆；4—锁紧装置；5—固定套管；6—微分筒；7—棘轮。

图 2-32　外径千分尺的组成

2．千分尺的读法

千分尺是依据螺旋放大的原理制成的，即测微螺杆在螺母中旋转一周，便沿着旋转轴线方向前进或后退一个螺距。沿轴线方向移动的微小距离，可通过圆周上的读数表示出来。千分尺螺纹的螺距是 0.5 mm，可动刻度有 50 个等分刻度。可动刻度每旋转一周，测微螺杆可前进或后退 0.5 mm，因此旋转每个小分度，相当于测微螺杆前进或后退 0.5/50 = 0.01（mm）。可见，可动刻度

千分尺测量常见的误差类型及产生原因分析

每一小分度表示 0.01 mm，所以千分尺可精确到 0.01 mm。读取千分尺读数时，可按下列步骤进行。

（1）先读出固定套管上露出刻线的整数部分。

（2）看准微分筒上哪一格与固定套管上的基准线（长横线）对准，读出小数部分，读数时应从固定套管中线下侧刻线看起。若微分筒的旋转位置超过半格，则读出的小数应加 0.5 mm。

（3）最后将整数部分和小数部分相加，结果即为被测零件的尺寸，如图 2-33 所示。

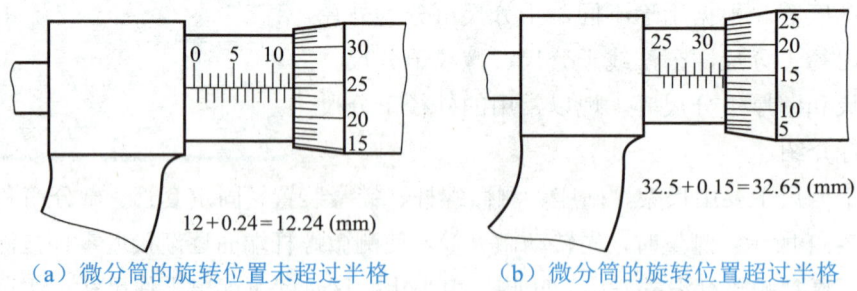

（a）微分筒的旋转位置未超过半格　　（b）微分筒的旋转位置超过半格

图 2-33　千分尺的读法

2.5.5 百分表的使用

百分表是一种精度较高的比较测量工具。它只能测出相对值而不能测出绝对值,主要用来检查零件的尺寸、形状和位置误差,也常用于零件的精密找正。根据用途不同,百分表可分为内径百分表、杠杆式百分表等。

百分表主要由测量头、测量杆、刻度盘等组成,如图 2-34 所示。当测量头向上或向下移动 1 mm 时,测量杆上的齿条和几个齿轮将带动大指针转一周,小指针转一格。大指针刻度盘的圆周上有 100 个等分格,每格表示 0.01 mm。小指针刻度盘的圆周上有 10 个等分格,每格表示 1 mm。测量时大、小指针所示读数之和即测量数据。小指针的刻度范围就是百分表的测量范围。刻度盘可以转动,供测量时调整大指针对零刻线之用。

用百分表测量时应使用专用的百分表架,如图 2-35 所示。

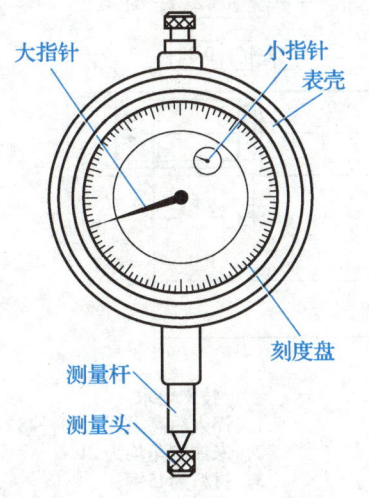

图 2-34 百分表

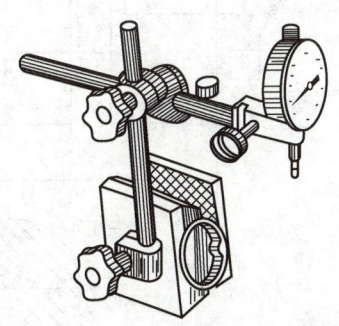

图 2-35 使用百分表架

经验传承

使用百分表的注意事项

(1)使用前,应检查测量杆的灵活性。轻轻推动测量杆,观察其是否能灵活移动,每次松开手后,指针应回到原来的刻度位置。

(2)测量时,使百分表的测量杆与被测表面保持垂直。

(3)测完后,应使测量杆处于自由状态(利于延长表内弹簧的使用寿命),并把百分表擦拭干净,放入盒内。

> **小试牛刀**
>
> 准备量具和典型轴类零件（如光轴、台阶轴等），学生分组讨论如何测量这些零件的尺寸，并动手操作。

2.6　轴类零件的工艺分析

如图 2-36 所示，传动轴的材料为 45 钢，小批生产，淬火硬度为 40~45HRC。该传动轴的工艺分析如下。

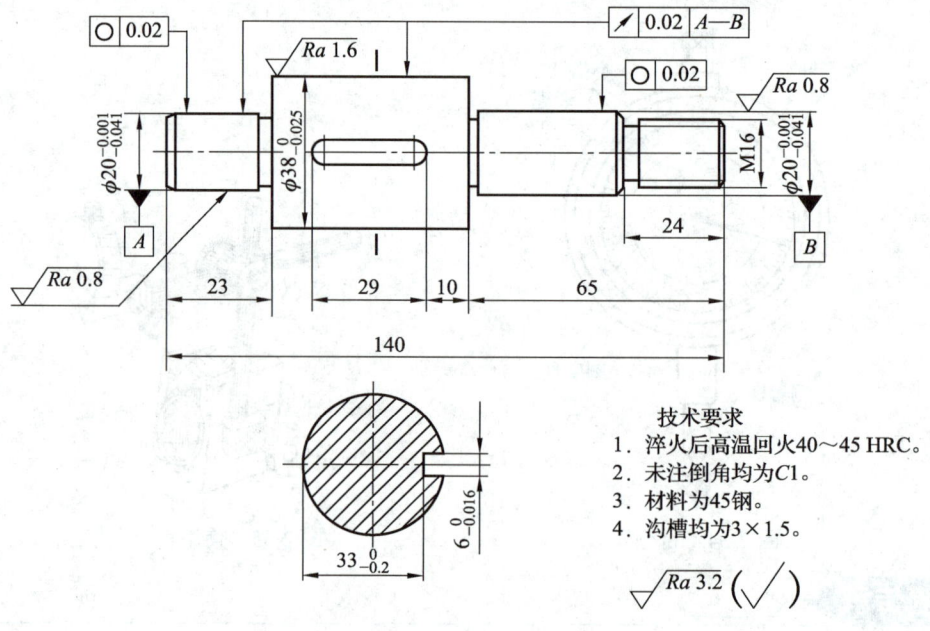

图 2-36　传动轴

（1）传动轴为小批生产，材料为 45 钢，形状简单，精度要求中等，各段轴颈直径尺寸相差较大，因此选用锻件毛坯。

（2）传动轴加工可划分为粗加工、半精加工和精加工三个阶段。粗加工时，以外圆为定位基准；半精加工时，以外圆和中心孔为定位基准（即一夹一顶）；精加工时，以两中心孔为定位基准（即两顶尖）。

（3）由于传动轴采用的是锻件毛坯，因此加工前应安排退火热处理，以消除毛坯的内应力和改善材料的切削性能。传动轴最终热处理是淬火后高温回火，该工序应放在半精加工之后、粗磨、精磨之前进行，即在车螺纹和铣键槽之后进行。为了保证磨削的加工精度，

项目 2 　 轴类零件机械加工工艺规程

在淬火及高温回火热处理之后，应安排修研中心孔工序。

综合上述分析，传动轴的机械加工工艺路线为锻造毛坯—热处理（退火）—粗车—半精车—车螺纹—铣键槽—热处理（淬火后高温回火）—修研中心孔—粗磨—精磨—检验。传动轴的机械加工工艺过程如表 2-13 所示。

表 2-13 　 传动轴的机械加工工艺过程

工序号	工序名称	工序内容	定位基准	加工设备
1	下料	—	—	—
2	锻	锻造毛坯	—	—
3	热处理	退火	—	—
4	粗车	粗车一端面，钻中心孔；粗车另一端面并控制总长 140 mm，钻中心孔	外圆	卧式车床
5	粗车	粗车一端外圆至 $\phi 40$ mm×77 mm、$\phi 22$ mm×22 mm；粗车另一端外圆至 $\phi 22$ mm×64 mm、$\phi 18$ mm×23 mm	外圆	卧式车床
6	半精车	半精车倒角 C1；半精车 $\phi 20_{-0.041}^{-0.001}$ mm 和 $\phi 38_{-0.025}^{0}$ mm 外圆，直径留 0.5 mm 加工余量；半精车 3 mm×1.5 mm 沟槽至尺寸	中心孔	数控车床
7	半精车	半精车倒角 C1；半精车 M16 螺纹大径至 $\phi 15.8$ mm；半精车 $\phi 20_{-0.041}^{-0.001}$ mm 外圆，直径留 0.5 mm 加工余量；半精车两处 3 mm×1.5 mm 沟槽至尺寸；半精车 M16 螺纹	中心孔	数控车床
8	铣	粗、精铣键槽至尺寸	中心孔	立式铣床
9	热处理	淬火后高温回火，40～45HRC	—	—
10	钳	修研中心孔	—	钻床
11	粗磨	粗磨 $\phi 20_{-0.041}^{-0.001}$ mm 外圆至 $\phi 20.06_{-0.04}^{0}$ mm	中心孔	外圆磨床
12	粗磨	粗磨 $\phi 38_{-0.025}^{0}$ mm 外圆至 $\phi 38.06_{-0.04}^{0}$ mm	中心孔	外圆磨床
13	粗磨	粗磨 $\phi 20_{-0.041}^{-0.001}$ mm 外圆至 $\phi 20.06_{-0.01}^{0}$ mm	中心孔	外圆磨床
14	精磨	精磨 $\phi 20_{-0.041}^{-0.001}$ mm 外圆至尺寸	中心孔	外圆磨床
15	精磨	精磨 $\phi 38_{-0.025}^{0}$ mm 外圆至尺寸	中心孔	外圆磨床
16	精磨	精磨 $\phi 20_{-0.041}^{-0.001}$ mm 外圆至尺寸	中心孔	外圆磨床
17	检验	综合检查	—	—

 机械制造工艺

2.7 工作实践中常见问题分析

轴类零件加工中常见问题、产生原因及预防对策如表 2-14 所示。

表 2-14 轴类零件加工中常见问题、产生原因及预防对策

常见问题	产生原因	预防对策
尺寸精度达不到要求	看错图纸或尺寸计算错误	必须按图样要求加工，仔细计算各个尺寸，必要时预留加工余量
	刻度盘使用不当	正确使用刻度盘
	切削热的影响	在工件温度较高时不进行测量，如需要测量，则必须采取冷却措施
	试切不到位	根据加工余量计算切削深度，要进行试切和修正
	量具有误差或测量不准确	使用量具前要检查和调零，正确掌握测量方法
	未及时关闭机动进给	注意及时或提前关闭机动进给，用手动进给到长度尺寸
圆度超差	车床主轴间隙过大	车削前检查车床主轴间隙，必要时适当调整或更换磨损过多的主轴轴承
	毛坯余量不均匀，切削过程中切削深度发生变化	按先粗车后精车加以调整
	用两顶尖装夹工件时，中心孔接触不良，后顶尖顶不紧，或前后顶尖产生径向圆跳动	工件两顶尖装夹必须松紧得当，及时修理或更换回转顶尖
圆柱度超差	用一夹一顶或两顶尖装夹工件时，后顶尖轴线与主轴轴线不同轴	车削前必须找正锥度
	用卡盘装夹工件做纵向进给车削时，车床床身导轨与主轴轴线不平行，产生锥度	调整车床主轴与床身导轨的平行度
	车削外圆时所用小滑板位置不正引起超差	必须事先检查小滑板的零刻线与中滑板的零刻线是否对准
	工件装夹时悬伸较长，刚度较差	尽量减少工件的伸出长度，或另一端采用顶尖以增加装夹的刚度
	刀具磨损	合理选择刀具材料，降低切削速度，及时刃磨刀具
表面粗糙度达不到要求	车床刚度不足	及时消除各种因车削刚度不足引起的振动，调整好车床间隙
	车刀刚度不足或伸出太长引起振动	增加车刀刚度及正确装夹刀具
	工件刚度不足	增加工件的装夹刚度
	车刀几何参数不合理	合理选择刀具角度
	切削用量选用不当	进给量应合适，合理选择精车余量和切削速度

项目 2　轴类零件机械加工工艺规程

铸魂逐梦

一线磨砺匠心，砥砺前行

郑州飞机装备有限责任公司机加厂数控车削高级技师、航空工业特级技能专家范存辉自 1995 年参加工作以来，一直在一线从事航空悬挂发射装置的产品研制工作。范存辉先后获得全国技术能手、河南省技术能手、河南省五一劳动奖章、河南省军工大工匠等荣誉，荣获省级科技成果奖 4 项和国家专利授权 14 项，在国家级期刊发表专业论文 18 篇。

20 多年来，范存辉攻克了多项技术难题，为生产保驾护航。期间，针对某型号航空发动机油泵导流器开发数控车削宏程序，彻底攻克了大导程薄壁螺旋叶片加工效率低、毛坯易断裂的技术难题。

为缩短零件的研制及加工周期，范存辉带领团队认真分析零件结构。他还自学了解析几何方法，经过一系列的数学公式推导，得到了相关数据，由此编制出数控车削宏程序，用自行开发的程序编制软件，将程序格式内嵌于软件中，简单输入零件参数就可以生成数控车削宏程序。

面对薄壁结构加工变形的难题，范存辉自创轴向截面逐点扫描的成形方法，使刀具切削深度从槽深 17.75 mm 变为 0.5 mm，切削力的减小破解了薄壁结构造成的加工变形难题。因为槽底空间狭小，普通千分尺无法到达测量位置，所以范存辉带领团队设计了一种叶片千分尺，特殊的连接结构保证了砧座与测微螺杆的可靠连接，实现砧座在自身不旋转的同时，完成直线运动，实现零件的测量。同时，范存辉优化了零件加工工艺，设计了成组工装和一次走刀加工多个零件的加工方案。

此外，范存辉针对青年学员实践经验不足的现状，为公司设计员、工艺员、数控机床操作员多次进行专业技术培训，定期举办"开讲了""技术技能大讲堂"等专题讲座，培训近 1 000 人次。范存辉共带徒 33 人，其中 4 人晋升为高级工程师，8 人晋升为工程师，2 人晋升为高级技师，6 人晋升为技师，其余全部通过高级工考核。

（资料来源：黄莎，徐驰，《航空工匠范存辉：一线磨砺匠心 毫米之间书写精密人生》，

人民网，2023 年 1 月 18 日）

项目实训——编制阶梯轴的机械加工工艺规程

1. 项目描述

如图 2-37 所示为阶梯轴，材料为 45 钢，其生产类型为小批生产。全班学生以 3～5 人为一组进行分组，以组为单位编制该零件的机械加工工艺规程。

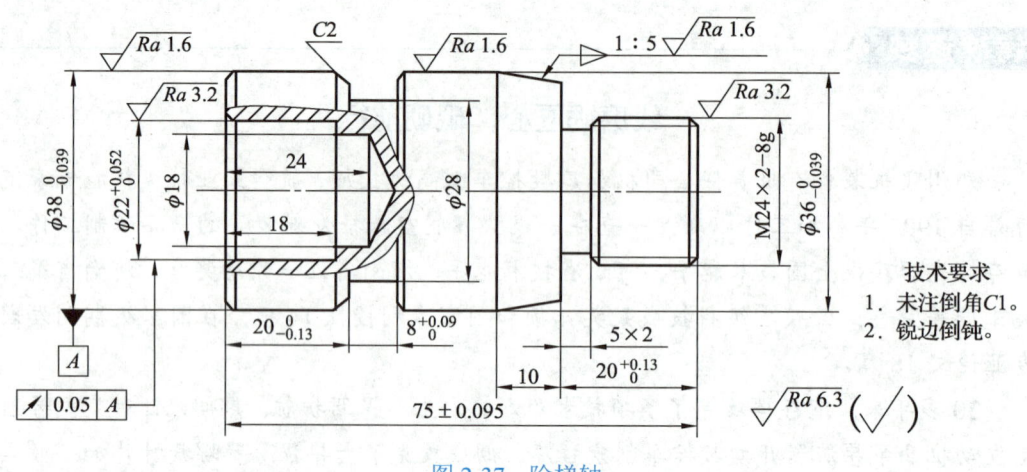

图 2-37 阶梯轴

2. 实训内容

1) 分析零件结构工艺性

阶梯轴的零件图正确、完整、尺寸、公差及技术要求齐全。阶梯轴材料为 45 钢，既便于加工，又具有良好的结构工艺性。外圆尺寸公差等级最高为 IT8，长度尺寸公差等级最高为 IT6，螺纹和锥面加工要求均较低。内孔 $\phi 22_{\ 0}^{+0.052}$ mm 有径向圆跳动要求，其基准为 $\phi 38_{\ -0.039}^{\ 0}$ mm 外圆的中心线，并且径向圆跳动公差为 0.05 mm。该零件各表面的表面粗糙度 Ra 最小为 1.6 μm。

2) 选择毛坯

阶梯轴属于一般轴类零件，小批生产，材料强度要求不高，工作受力较为稳定，故选择 $\phi 40 \ mm \times 78 \ mm$ 的热轧圆钢作为毛坯。

3) 选择定位基准

为提高工件刚度，加工时采用一夹一顶装夹方式，以外圆和中心孔作为定位基准，将轴的一端外圆用卡盘夹紧，另一端用尾座顶尖顶住中心孔。

4) 拟订机械加工工艺路线

阶梯轴加工可划分为粗加工、半精加工和精加工三个阶段。粗加工主要包括车端面、钻中心孔、粗车外圆、钻孔、粗车螺纹、粗车锥面、切槽和倒角等。半精加工主要包括半精车外圆、扩孔、半精车螺纹和半精车锥面等。精加工主要包括精车外圆、精车螺纹和精车锥面等。阶梯轴的机械加工工艺路线为下料—热处理—粗车—半精车—精车—检验。

5) 设计工序内容

(1) 确定加工余量及工序尺寸。阶梯轴的加工余量主要指半精车和精车的加工余量，粗加工的加工余量主要取决于毛坯的质量与规格。为满足零件图技术要求，一般半精车的加工余量约为 1 mm，精车的加工余量约为 0.1 mm。加工螺距为 2 mm 的螺纹时，粗车、半精车及精车的加工余量分别为 1.1 mm、0.4 mm 及 0.1 mm。

加工阶梯轴时,外圆的工序尺寸主要由各工序间的加工余量确定,轴向尺寸控制比较简单。

(2)选择机床设备及工艺装备。选用 CA6140 型卧式车床、90°车刀、45°车刀、2 mm 宽的切断刀、麻花钻、扩孔钻和铰刀,自定心卡盘、顶尖,以及游标卡尺、千分尺等。

(3)确定切削用量及工时定额。为合理选择切削用量,应首先选择一个尽可能大的背吃刀量;其次根据机床动力、刚度限制条件或已加工表面粗糙度的要求,选取尽可能大的进给量;最后根据计算结果,参照所用机床的说明书确定切削速度。

根据切削时间、辅助时间和准备时间确定此阶梯轴的工时定额。

6)填写工艺文件

根据前述分析和说明,填写此阶梯轴的工艺过程卡,如表 2-15 所示。

表 2-15 阶梯轴的工艺过程卡

M 机械厂		机械加工工艺过程卡			产品型号	×××	零件图号	×××	×××		
					产品名称	×××	零件名称	阶梯轴	共1页	第1页	
材料牌号	45		毛坯种类	热轧圆钢	毛坯外形尺寸	$\phi40$ mm×78 mm	每毛坯可制件数	1	每台件数	1	备注
工序号	工序名称	工序内容			车间	工段	设备	工艺装备		工时	
										准终	单件
1	下料	下料 $\phi40$ mm×78 mm			铸		G72				
2	热处理	调质,56~59 HRC			热						
3	粗车	车端面,钻中心孔			金		C6140	外圆车刀、中心钻、自定心卡盘、顶尖、千分尺、游标卡尺			
4	粗车	一夹一顶装夹,粗车 $\phi38$ mm 外圆,直径留 1.1 mm,切槽,钻 $\phi18$ mm 到尺寸			金		C6140	外圆车刀、扩孔钻、自定心卡盘、顶尖、千分尺、游标卡尺			
5	粗车	卡盘夹住 $\phi38$ mm 外圆,车端面,保证总长 75 mm;粗车 $\phi36$ mm 外圆,粗车 M24 外圆,直径均留 1.1 mm,切槽			金		C6140	端面车刀、切槽刀、扩孔钻、自定心卡盘、顶尖、千分尺、游标卡尺			
6	半精车	半精车 $\phi36$ mm 外圆到 $\phi36.1$ mm,M24 外圆到 $\phi24.1$ mm			金		C6140	外圆车刀、中心钻、自定心卡盘、顶尖、千分尺、游标卡尺			
7	半精车	卡盘夹住 $\phi36$ mm 外圆,半精车 $\phi38$ mm 外圆到 $\phi38.1$ mm,扩孔 $\phi22$ mm			金		C6140	外圆车刀、扩孔钻、自定心卡盘、顶尖、千分尺、游标卡尺			

表 2-15（续）

工序号	工序名称	工序内容	车间	工段	设备	工艺装备	工时准终	工时单件
8	精车	精车 φ38 mm 外圆到尺寸，车 M24 螺纹到尺寸，车槽，保证长度尺寸，倒角，铰孔 φ22 mm 到尺寸	金		C6140	外圆车刀、铰刀、自定心卡盘、顶尖、千分尺、游标卡尺		
9	精车	卡盘夹住 φ38 mm 外圆，铰孔车 M24 螺纹到尺寸，车锥面到尺寸，精车 φ36 mm 外圆到尺寸，倒角	金		C6140	外圆车刀、铰刀、自定心卡盘、顶尖、千分尺、游标卡尺		
10	检验	综合检查						

设计（日期）		校对（日期）		审核（日期）	

项目考核

1. 填空题

（1）按照轴线形状的不同，轴类零件可分为直轴、_____和_____三种类型。其中，直轴按照外形的不同，还可分为_____和_____。

（2）外圆车削一般分为_____、_____、_____和_____。

（3）根据工件夹紧和驱动方式的不同，外圆磨削可分为_____磨削与_____磨削。

（4）对于直径较大或直径变化较大的阶梯轴，毛坯可采用_____。

2. 选择题

（1）轴类零件轴颈的尺寸精度要求较高，通常为 IT5～IT7；而轴头的尺寸精度一般要求较低，通常为（　　）。

  A．IT4～IT5　　　　　　　B．IT5～IT7
  C．IT6～IT9　　　　　　　D．IT10～IT11

（2）对于受力较大且尺寸和质量受到限制，或者有特殊要求的轴，可采用（　　）材料。

  A．Q235　　　　　　　　B．Q255
  C．Q275　　　　　　　　D．40Cr

（3）对于精度要求较高的轴，在局部淬火和粗磨之后，还需要进行（　　），以消除在淬火和磨削中产生的残余应力，使轴的尺寸稳定。

  A．时效处理　　　　　　　B．正火
  C．退火　　　　　　　　　D．调质

（4）工件不用中心孔定位，而是以工件上被磨削的外圆定位，在无心磨床上进行磨削的加工方法属于（　　）。

A．定心磨削　　　　　　　　B．无心磨削

C．纵向进给磨削　　　　　　D．横向进给磨削

3．判断题

（1）轴的加工精度主要包括结构要素的尺寸精度和几何精度。（　　）

（2）一般情况下，轴头的表面粗糙度 Ra 为 0.16～0.63 μm，轴颈的表面粗糙度 Ra 为 0.63～2.5 μm。（　　）

（3）精细车一般采用较大的背吃刀量、较大的进给量和较高的切削速度。（　　）

（4）一般来说，刀具的标注角度应以正交平面参考系的标注角度为主，根据需要可兼用其他平面参考系的标注角度。（　　）

（5）轴类工件的尺寸常用钢直尺、卡钳、游标卡尺、千分尺或百分表测量。（　　）

4．简答题

（1）简述 CA6140 型卧式车床的主要部件及功用。

（2）简述平行砂轮 GB/T 2484 1-300×50×76.2-A/F80L5V-50 m/s 的意义。

（3）简述千分尺的读数步骤，读取如图 2-38 所示外径千分尺的读数。

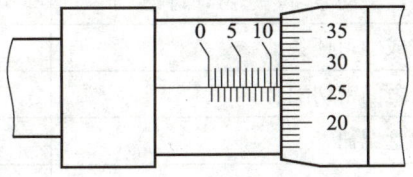

图 2-38　外径千分尺的结构

 项目评价

指导教师根据学生的实际学习成果对其进行评价,学生配合指导教师共同完成学习成果评价表,如表 2-16 所示。

表 2-16 学习成果评价表

姓名: 组号: 指导教师:

评价项目	评价内容	满分/分	评分/分		
			自评	互评	师评
知识（50%）	了解轴类零件的功用、结构特点和技术要求	5			
	熟悉轴类零件的材料、毛坯和热处理方法	10			
	掌握轴类零件的加工方法	10			
	掌握轴类零件常用的机床设备和刀具	10			
	掌握轴类零件的装夹和检测方法	10			
	了解轴类零件的工艺及工作实践中常见问题的分析方法	5			
技能（30%）	能够编制一般轴类零件的机械加工工艺规程	30			
素养（20%）	积极参加教学活动,主动学习、思考、讨论	5			
	认真负责,按时完成学习任务	5			
	团结协作,与组员之间密切配合	5			
	服从指挥,遵守课堂纪律	5			
合计		100			
总评	自评（20%）+ 互评（20%）+ 师评（60%）=		综合等级:		
自我评价					
指导教师评价					

项目 3 套类零件机械加工工艺规程

> 项目引入

M 机械厂计划加工一批轴承套（见图 3-1），数量为 300 个，该零件材料为 HT200。为了保证轴承套的加工质量并满足经济、技术等方面的要求，必须先编制该零件的机械加工工艺规程，然后依此对其进行加工。

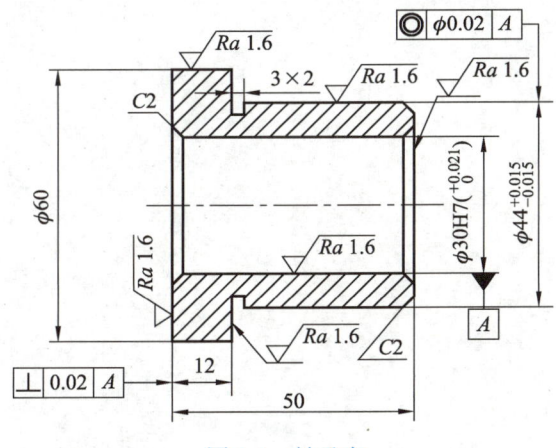

图 3-1 轴承套

轴承套是一种结构较为典型的套类零件。套类零件是一种有孔的圆柱体，通常配合其他零件来使用，其材质可以是金属、塑料、陶瓷等。编制套类零件的机械加工工艺规程时，需要仔细研读零件图，明确各项技术要求，对零件的材料、加工方法、加工精度等进行分析。本项目主要介绍套类零件的技术要求、毛坯选择、加工方法、装夹、检测和保证加工精度措施等。

> 知识目标

- ◇ 了解套类零件的功用、结构特点和技术要求。
- ◇ 熟悉套类零件的材料、毛坯和热处理方法。
- ◇ 掌握套类零件的加工方法、常用的机床设备和刀具。

机械制造工艺

◈ 掌握套类零件的装夹和检测方法。
◈ 掌握保证套类零件加工精度的措施。
◈ 了解套类零件的工艺及工作实践中常见问题的分析方法。

技能目标

◈ 能够编制一般套类零件的机械加工工艺规程。

素质目标

◈ 养成求真务实、开拓进取、执着专注的工作作风。
◈ 践行乐于奉献、团结协作的团队精神。

项目 3 套类零件机械加工工艺规程

项目工单 ——编制套类零件的机械加工工艺规程

1．项目描述

指导教师根据实际情况，给出具体题目，如编制轴承套、钻套的机械加工工艺规程。

2．学生分组

以 3~5 人为一组，选出组长并进行任务分工，将小组成员及任务分工填入表 3-1 中。

表 3-1 小组成员及任务分工

小组成员	姓名	任务分工
组长		
组员		

3．小组讨论

在进行具体项目实施前，需要提前预习相关知识。请各组组长组织组员收集相关资料，讨论下列问题。

（1）简述套类零件的结构特点。

（2）简述套类零件常用的加工方法。

（3）在加工过程中，如何保证套类零件的位置精度？

（4）加工套类零件时常出现哪些问题？产生问题的原因是什么？如何预防这些问题的产生？

4．制订计划

（1）制订工作计划，并将其填入表 3-2 中。

表 3-2　工作计划

序号	工作内容	负责人

项目 3　套类零件机械加工工艺规程

（2）将实施过程中所需要的工具等填入表 3-3 中。

表 3-3　实施过程中所需要的工具

序号	名称	单位	数量	备注

5．进行决策

（1）每个小组成员阐述自己制订的工作计划。
（2）小组成员之间进行讨论，选出本组最佳工作计划。
（3）指导教师根据各组完成情况进行点评。

6．项目实施

根据本组最佳工作计划，将详细的编制过程、遇到的问题及解决办法、项目实施总结填入表 3-4 中。

表 3-4　项目实施记录表

项目名称	实施内容
编制套类零件的机械加工工艺规程	

表 3-4（续）

项目名称	实施内容
遇到的问题及解决办法	
项目实施总结	

3.1 套类零件的基础知识

3.1.1 套类零件的功用及结构特点

1. 套类零件的功用

套类零件是机械设备中应用较为广泛的零件,主要起支承或导向作用。

2. 套类零件的结构特点

不同功用套类零件的结构虽然有很大不同,但也有一些相同的特点:① 主要表面是同轴度要求较高的内、外回转表面;② 壁较薄且容易变形;③ 长度一般大于直径。常见套类零件有支承旋转轴的滑动轴承、各种形式的轴承套、夹具上的钻套、内燃机上的气缸套和液压系统中的液压缸等,如图 3-2 所示。

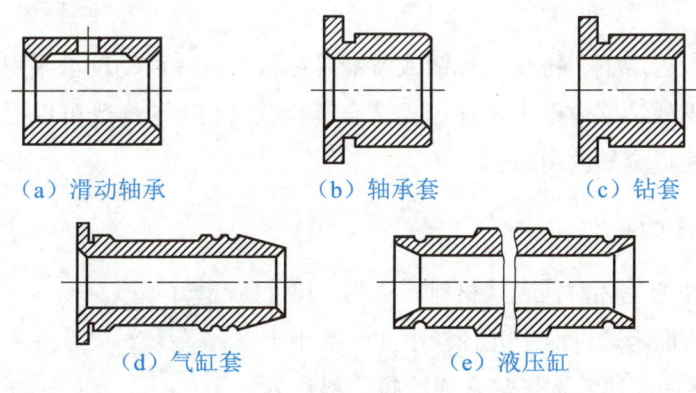

(a) 滑动轴承　　　　(b) 轴承套　　　　(c) 钻套

(d) 气缸套　　　　(e) 液压缸

图 3-2　常见套类零件

3.1.2 套类零件的技术要求

套类零件的技术要求主要是根据其基本功用及使用条件确定的,通常包括孔的技术要求、外圆的技术要求、孔与外圆的同轴度要求和孔与端面的垂直度要求。

1. 孔的技术要求

孔是套类零件起支承或导向作用的主要表面,通常与运动轴、钻头或活塞等相配合。套类零件中孔的尺寸精度一般为 IT7;精密轴承套中孔的尺寸精度为 IT6;气缸套和液压缸的配合活塞上有密封圈,孔的尺寸精度要求较低,通常为 IT9。孔的形状精度应控制在孔径公差以内,表面粗糙度 Ra 一般为 0.16~2.5 μm。

2. 外圆的技术要求

外圆是套类零件的支承面，常通过过盈配合或过渡配合与箱体或机器上的孔接触。它的尺寸精度通常取IT6～IT7，形状精度在尺寸公差以内，表面粗糙度 Ra 一般为0.63～5 μm。

3. 孔与外圆的同轴度要求

若孔的最终加工在套类零件装入箱体之后进行，则孔与外圆的同轴度要求较低；若孔的最终加工在装配之前完成，则孔与外圆的同轴度要求较高，其公差一般为0.01～0.05 mm。

4. 孔与端面的垂直度要求

若套类零件的端面（包括凸缘端面）在工作中承受载荷，或在装配和加工时作为定位基准，则孔与端面的垂直度要求较高，其公差一般为0.01～0.05 mm。

3.1.3 套类零件的材料、毛坯及热处理

1. 套类零件的材料

套类零件一般选用钢、铸铁、青铜或黄铜等材料。有些滑动轴承采用双金属结构，即用离心铸造法在钢或铸铁内壁上浇注巴氏合金等合金材料，这样既可以提高滑动轴承的寿命，又能节省有色贵金属的用量。

2. 套类零件的毛坯

选择套类零件的毛坯时，应从材料、结构、尺寸及生产类型等几方面考虑。对于孔径较小（一般小于20 mm）的套类零件，通常选择热轧或冷拉棒料作为毛坯；对于孔径较大（一般大于20 mm）的套类零件，通常选择无缝钢管或带孔的铸件、锻件作为毛坯。当生产批量较小时，可选择砂型铸件、轧制件或自由锻件作为毛坯；当生产批量较大时，可选择冷冲压件或粉末冶金件等作为毛坯。

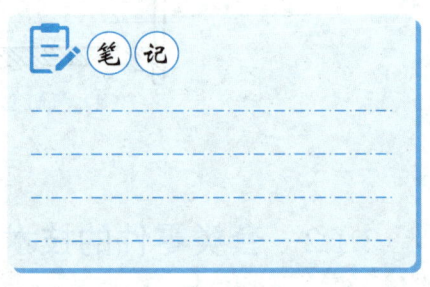

3. 套类零件的热处理

工作条件和材料不同的套类零件应采用不同的热处理方法。常用的热处理方法有渗碳淬火、表面淬火、调质、时效处理及渗氮等。

3.2 套类零件的加工方法

套类零件加工主要是内圆、外圆和端面的加工。其中,外圆和端面加工根据精度要求可选择车削或磨削。内圆通常是零件支承或导向的主要表面,其加工方法比较复杂,下面重点介绍内圆的加工方法及其选择。

3.2.1 内圆的加工方法

根据使用刀具的不同,内圆加工可分为车孔、钻孔、扩孔、镗孔、锪(huō)孔、铰孔、拉孔、磨孔等。

1. 车孔

车孔是一种常用的内圆加工方法。车孔可以把预制孔(如铸造孔、锻造孔或钻头钻出来的孔)加工到更高精度和数值更小的表面粗糙度。车孔可以修正孔的直线度,既可做半精加工,也可做精加工。车孔的加工直径范围很广。车孔精度一般为IT7~IT8,表面粗糙度 Ra 为 0.8~3.2 μm,精细车可使表面粗糙度 Ra 更小。如图3-3所示,在车床上可车通孔、台阶孔和盲孔。

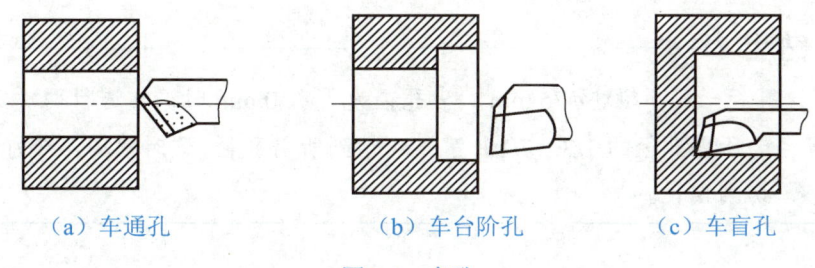

(a) 车通孔　　(b) 车台阶孔　　(c) 车盲孔

图3-3 车孔

车孔的关键是解决好内孔车刀的刚度和排屑问题。增大内孔车刀的刚度主要采取如下措施。

(1) 尽量增加刀杆的截面积。应使内孔车刀的刀尖位于刀杆的中心线上,这样在刀尖不碰到孔壁的前提下,可大大增加刀杆的截面积。

(2) 尽量缩短刀杆的伸出长度。为了提高刀杆的刚度,刀杆的伸出长度只要略大于孔深即可。如果刀杆伸出太长,就会减小刀杆的刚度,容易引起振动。

2. 钻孔

钻孔是用钻头在实心材料上加工孔的方法。由于钻头强度和刚度较差、排屑较困难、切削液不易注入,因此钻孔通常用于粗加工。它主要用于精度要求较高孔的预加工或精度低于 IT11 孔的终加工。钻孔的精度为 IT11～IT13，表面粗糙度 Ra 为 12.5～50 μm。

钻孔通常在钻床和车床上进行，也可以在镗床或铣床上进行。在钻床、镗床上钻孔时，因为钻头旋转而工件不动，且钻头的强度和刚度差，所以钻头引偏会使孔的中心线发生倾斜，但孔径不会发生显著变化，如图 3-4 所示；在车床上钻孔时，因为只有工件旋转，所以钻头引偏会引起孔径的变化并产生锥度、腰鼓等缺陷，但孔的中心线不会发生倾斜，且与工件的回转中心相一致，如图 3-5 所示。因此，钻小孔和深孔时，为保证其中心线不发生倾斜，应尽可能在车床上进行。

钻孔

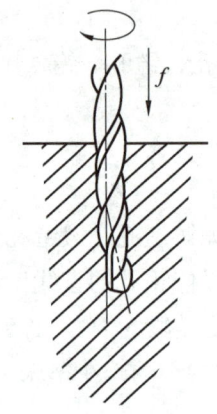

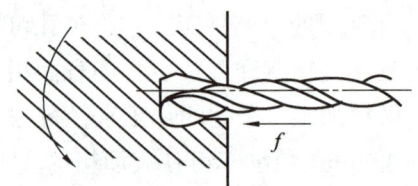

图 3-4　在钻床、镗床上钻孔　　　　　图 3-5　在车床上钻孔

 小贴士

钻孔时，孔径一般不超过 ϕ75 mm。当孔径大于 ϕ30 mm 时，常进行两次钻孔，第一次钻孔的直径为所需孔径的 1/2～7/10，第二次钻到所需孔径，这时横刃不参加切削运动，轴向抗力小，切削较轻。

3. 扩孔

扩孔是用扩孔钻对工件上已有孔（如钻孔、铸造孔或锻造孔）做进一步加工的方法，目的是扩大孔径并提高加工精度和表面质量。扩孔的精度为 IT10～IT11，表面粗糙度 Ra 为 6.3～12.5 μm。扩孔的加工余量与孔径大小有关，一般为 0.5～2 mm。

扩孔

 小贴士

当孔径大于 ϕ100 mm 时，所需要的切削力矩很大，因此多采用镗孔而不采用扩孔。

4. 镗孔

镗孔是用镗刀对工件上已有孔（如钻孔、铸造孔或锻造孔）做进一步加工的方法。它可以用于粗加工，也可以用于精加工，且加工范围很广，适合非标孔、大直径孔及短孔等的加工。镗孔一般在镗床上进行，也可以在车床或铣床上进行。镗孔的精度一般为 IT7～IT10，表面粗糙度 Ra 为 0.8～6.3 μm。镗刀、镗杆的截面尺寸和长度受所镗工件孔径和深度的限制，镗刀的刚度比较差，加工中容易产生变形和振动。此外，镗孔过程中切削液的注入和切屑的排出较为困难，生产率较低，因此镗孔常用于单件小批生产。镗孔可扩大孔径，提高精度，减小表面粗糙度，还可以较好地纠正原来孔中心线的倾斜。

镗孔往往要经过粗镗、半精镗、精镗的过程。粗镗、半精镗、精镗的选择取决于所镗孔的精度要求、工件的材料及具体结构等因素。

1）粗镗

粗镗是圆柱孔镗削加工的重要工艺过程，它主要对工件的毛坯孔（铸孔、锻孔）或对钻、扩后的孔进行预加工，为下一步半精镗、精镗加工达到要求奠定基础，它还能及时发现毛坯的缺陷，如裂纹、夹砂、砂眼等。

粗镗时需要采用较大的切削用量，因此产生的切削力大、切削温度高，镗刀磨损严重。为保证粗镗的生产率及一定的加工精度，要求镗刀应有足够的强度，能承受较大的切削力，并有良好的抗冲击性能。此外，镗刀还要有合适的几何角度，以减小切削力，提高散热能力。

粗镗后应将夹紧压板松开，再重新进行夹紧，以减少夹紧变形对加工精度的影响。

2）半精镗

半精镗是精镗的预备工序，主要用于解决粗镗时产生的余量不均问题。对精度要求高的孔，半精镗一般分两次进行：第一次主要去掉粗镗时产生的余量不均的部分；第二次是镗削剩余余量，以提高孔的加工精度和表面质量。一般半精镗后的单边精镗余量为 0.3～0.4 mm。对精度要求不高的孔，粗镗后可直接进行精镗，不必设半精镗工序。

3）精镗

精镗是在粗镗和半精镗的基础上，用较高的切削速度、较小的进给量，切去粗镗或半精镗剩余的较小余量，以得到图样规定的孔表面。通常精镗的背吃刀量不小于 0.01 mm，进给量不小于 0.05 mm/r。

5．锪孔

锪孔是用锪钻在孔口锪出一定形状的孔或表面的加工方法。锪孔一般在钻床上进行，其表面粗糙度 Ra 为 3.2～6.3 μm。锪孔的目的是保证孔与端面的垂直度，以便使与孔相连接的零件位置正确，连接可靠。

锪孔

6．铰孔

铰孔是用铰刀从工件孔壁上切除微量金属层，以提高尺寸精度和表面质量的加工方法，在生产中应用很广。铰孔一般在钻孔、扩孔或镗孔之后进行，用于加工精密的圆柱孔和圆锥孔，其孔径范围一般为 $\phi1 \sim \phi100$ mm。

相较于内圆磨削及精镗，铰孔是一种经济实用的加工方法。铰孔时，铰削速度低，加工余量少（一般只有 0.1～0.3 mm），且由于铰刀的切削刃长，同时参与切削的刀齿多，因此铰孔的生产率高，加工质量较高，尺寸精度一般为 IT6～IT9，表面粗糙度 Ra 为 0.4～1.6 μm。因为铰孔时以本身孔作为导向，不能纠正位置误差，所以有关位置精度应由铰孔前的预加工工序保证。

7. 拉孔

拉孔是用拉刀在拉床上对已预加工的孔进行半精加工或精加工的方法。它既可以加工内表面，也可以加工外表面。工件以被加工孔定位并以自身端面为支承面，在一次行程内便可完成粗加工、精加工、光整加工等。拉孔一般没有粗拉和精拉之分，除非拉削余量太大或孔太深，才分为两个工序。

拉孔的拉削速度低，每齿切削厚度很小，拉削过程平稳，不会产生积屑瘤；同时拉刀是定尺寸刀具，又有校准齿来校准孔径和修光孔壁，所以拉削加工精度和表面质量较高。拉孔精度主要取决于拉刀精度，在通常条件下，拉孔的精度为 IT6～IT8，表面粗糙度 Ra 为 0.4～0.8 μm。拉孔不易保证孔与其他表面之间的位置精度，对于那些孔与外圆具有同轴度要求的回转体零件，往往都是先拉孔，然后以孔为定位基准加工其他表面。

> **小贴士**
>
> 拉孔常用在大批大量生产中，加工孔径为 $\phi10 \sim \phi100$ mm、孔深不超过孔径 5 倍的中小零件上的通孔。

8. 磨孔

磨孔（见图 3-6）是单件小批生产中常用的孔加工方法，精度为 IT7，表面粗糙度 Ra 为 0.4～1.6 μm。它特别适用于加工淬硬的孔和长度很短的精密孔。

内圆的精密加工

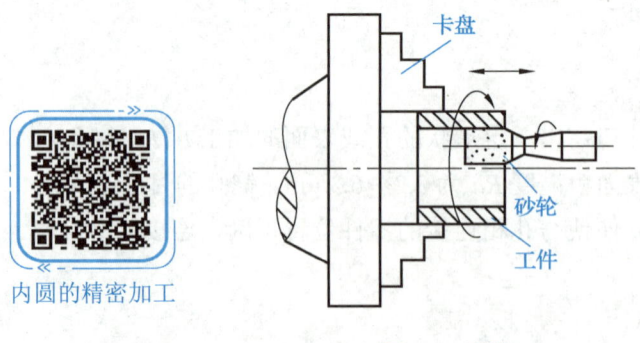

图 3-6 磨孔

磨孔有如下工艺特点：① 砂轮直径受到工件孔径的限制，砂轮尺寸小、损耗快，需要经常更换，经济性较差；② 磨削速度低，因此磨削精度较难控制；③ 砂轮轴受孔径与长度限制，刚度差且易弯曲、振动，从而影响加工精度与表面质量；④ 砂轮与工件内切，接触面积大，散热条件差，易烧伤，宜用切削液；⑤ 切削液不易进入磨削区，排屑困难。

> **小贴士**
>
> 当套类零件内圆的加工精度和表面质量要求很高时，内圆精加工之后还要进行精密加工。常用的精密加工方法有精细镗、珩磨、研磨、滚压等，需要时可查阅相关资料选择。

3.2.2 内圆加工方法的选择

选择内圆加工方法时，应根据套类零件的形状、尺寸、材料、技术要求，并结合企业实际生产条件综合考虑。如表 3-5 所示为常用的内圆加工方法。

表 3-5　常用的内圆加工方法

序号	加工方法	加工经济精度	表面粗糙度 $Ra/\mu m$	适用范围
1	钻	IT11～IT13	12.5	加工未淬火钢及铸铁的实心毛坯，也可加工有色金属工件（但表面粗糙度稍大，孔径为 $\phi15～\phi20\,mm$）
2	钻—铰	IT8～IT9	1.6～3.2	
3	钻—铰—精铰	IT7～IT8	0.8～1.6	
4	钻—扩	IT10～IT11	6.3～12.5	同上，但孔径大于 $\phi20\,mm$
5	钻—扩—铰	IT8～IT9	1.6～3.2	
6	钻—扩—粗铰—精铰	IT7～IT8	0.8～1.6	
7	钻—扩—机铰—手铰	IT6～IT7	0.1～0.4	
8	钻—拉—扩	IT7～IT9	0.4～1.6	大批大量生产（精度根据拉刀的精度确定）
9	粗镗（或扩孔）	IT11～IT13	6.3～12.5	加工除淬火钢以外的各种材料，毛坯有铸出孔或锻出孔
10	粗镗（粗扩）—半精镗（精扩）	IT9～IT10	1.6～3.2	
11	粗镗（粗扩）—半精镗（精扩）—精镗（铰）	IT7～IT8	0.8～1.6	
12	粗镗（粗扩）—半精镗（精扩）—浮动镗刀精镗	IT6～IT7	0.4～0.8	

表 3-5（续）

序号	加工方法	加工经济精度	表面粗糙度 $Ra/\mu m$	适用范围	
13	粗镗（粗扩）—半精镗—磨孔	IT7~IT8	0.2~0.8	主要用于加工淬火钢，也可用于加工未淬火钢，但不宜加工有色金属工件	
14	粗镗（扩）—半精镗—粗磨—精磨	IT6~IT7	0.1~0.2		
15	粗镗—半精镗—精镗—金刚镗	IT6~IT7	0.05~0.4	主要用于加工精度要求高的有色金属工件	
16	钻—（扩）—粗铰—精铰—珩磨	IT6~IT7	0.2~0.25	小孔	主要用于加工精度要求很高的孔
17	钻—（扩）—拉—珩磨			大批生产	
18	粗镗—半精镗—精镗—珩磨			大孔	
19	粗镗—半精镗—精镗—研磨	IT6 以上	< 0.1	主要用于加工精度要求很高的孔	
20	钻—（粗镗）—扩（半精镗）—精镗—金刚镗—脉冲滚压	IT6~IT7	0.1	主要用于加工有色金属及铸件上的小孔	

3.3 套类零件常用的机床设备和刀具

加工套类零件的机床设备有钻床、拉床和车床等，刀具有内孔车刀、麻花钻、扩孔钻、锪钻、铰刀、拉刀和切断刀等。下面重点介绍钻床、拉床、内孔车刀、麻花钻、扩孔钻、锪钻、铰刀和拉刀。

3.3.1 钻床

1. 钻床概述

钻床是指用钻削刀具在工件上加工孔的机床。它既可用于加工简单零件上的孔，也可用于加工外形复杂、没有对称回转轴线工件上的单个或一系列孔，如盖板、箱体、机架等零件上各种用途的孔。钻床一般用于加工尺寸较小、精度要求不高的孔。在钻床上可以完成钻孔、扩孔、铰孔、攻螺纹等加工，如图 3-7 所示。钻床的主参数是最大钻孔直径。

> **知识角**
>
> **攻螺纹**是指用丝锥在孔中切削出内螺纹的方法。攻螺纹时，被加工的工件装夹要正，一般情况下，应将工件需要攻螺纹的一面置于水平或垂直的位置。这样在攻螺纹时，就能比较容易地判断和保持丝锥在垂直于工件螺纹基面的方向。

项目 3 套类零件机械加工工艺规程

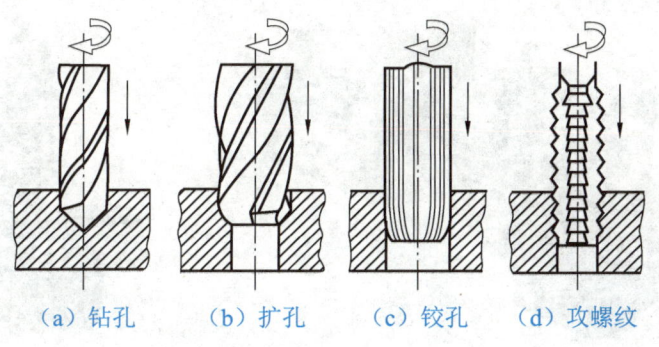

（a）钻孔　　（b）扩孔　　（c）铰孔　　（d）攻螺纹

图 3-7 钻床的加工方法

钻床可分为台式钻床、立式钻床、摇臂钻床、深孔钻床、铣钻床等，如图 3-8 所示。其中应用最广泛的是台式钻床、立式钻床和摇臂钻床。

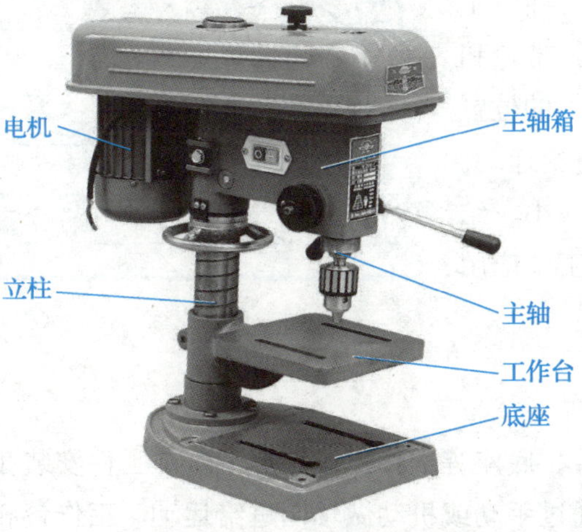

（a）台式钻床 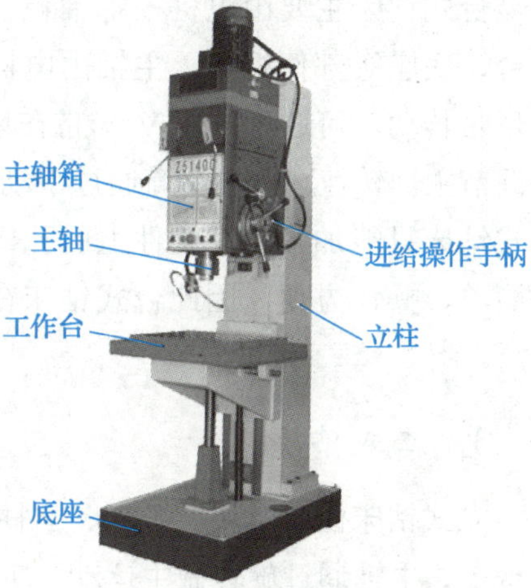　　　　　　　　　　（b）立式钻床

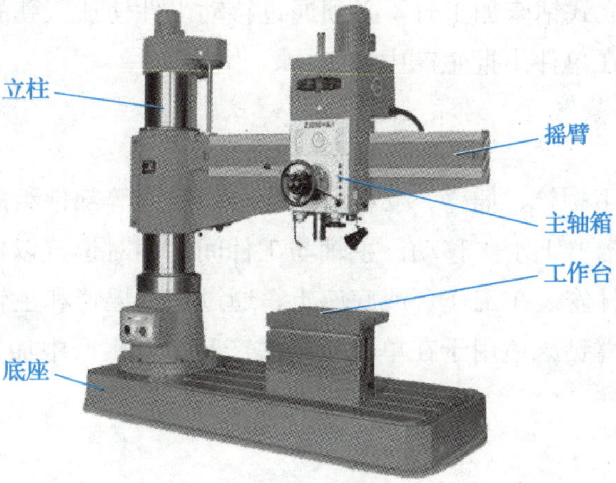

（c）摇臂钻床

(d) 深孔钻床

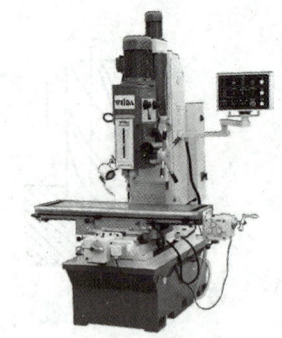
(e) 铣钻床

图 3-8　钻床

2. 台式钻床

台式钻床主要由电机、主轴箱、主轴、立柱、工作台、底座等部件组成。主轴由电机通过塔式带轮和 V 形带传动，可通过改变 V 形带在塔式带轮上的位置来调节主轴转速。主轴套筒通过手动做轴向进给运动。台式钻床只能加工较小工件上的孔，但它体积小、结构简单、操作方便，因此台式钻床在机械加工中应用广泛。

3. 立式钻床

立式钻床由主轴箱、主轴、立柱、工作台、底座等部件组成。加工时，工件安装在工作台上，主轴通过旋转做主运动，主轴套筒通过手动或机动做轴向进给运动。工作台和主轴箱都可沿立柱调整其上下位置，以适应对不同高度的工件进行加工的需要。主轴中心线是固定的，因此使用立式钻床加工时，必须通过移动工件使加工孔的中心线对准主轴中心线。立式钻床适用于在单件小批生产中加工中、小型零件。

4. 摇臂钻床

摇臂钻床主要由主轴箱、摇臂、立柱、工作台、底座等部件组成。摇臂可绕立柱旋转和升降，主轴箱可在摇臂上水平移动，主轴与工件间的相对位置以极坐标形式调整。使用摇臂钻床加工时，工件安装在工作台或底座上，通过调整摇臂和主轴箱的位置来使刀具对准加工孔的中心。摇臂钻床适用于在单件小批生产和中批生产中加工大、中型零件。

3.3.2　拉床

拉床是指用拉刀进行加工的机床，可加工各种形状的通孔、平面等。拉床的运动比较简单，只有主运动，没有进给运动，被加工表面在一次拉削中成形。拉床的主运动通常采用液压驱动，以保证切削运动平稳。

由于拉削的加工余量小，切削运动平稳，因此拉床的加工精度和加工表面质量较高，生产率高。但拉刀的结构复杂，且拉削每一种表面都需要专门的拉刀，所以拉床仅适用于大批生产。

拉床按用途不同，可分为内拉床和外拉床；按布局不同，可分为卧式拉床、立式拉床和链条式拉床等。如图 3-9 所示为卧式内拉床，其在床身内部有水平安装的液压缸，它带动拉刀沿水平方向移动，实现主运动；支承座是工件的安装基准；护送夹头和滚柱用以支承拉刀。拉削前，护送夹头和滚柱向左移动，将拉刀穿过工件预制孔，并将拉刀左端柄部插入拉刀夹头。拉削时滚柱下降，不起作用。

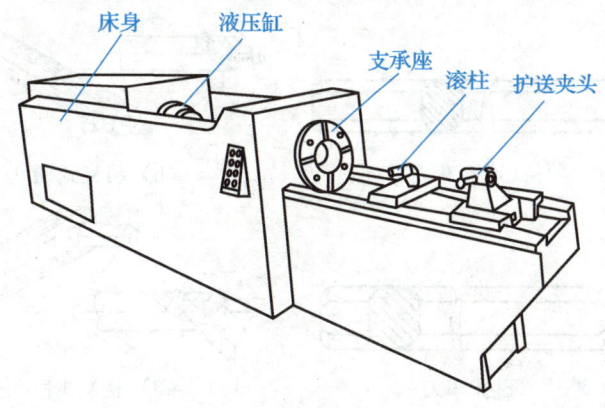

图 3-9　卧式内拉床

3.3.3　内孔车刀

内孔车刀是加工孔的刀具。它按加工用途不同，可分为通孔车刀和盲孔车刀两种，如图 3-10 所示。通常应按被加工孔孔径的大小选择刀杆。为了使刀杆具有最大的刚度，应保证刀杆的伸出量尽可能小。

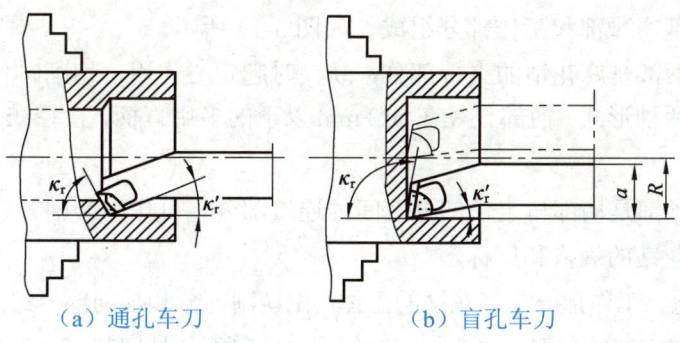

（a）通孔车刀　　　　　　（b）盲孔车刀

图 3-10　内孔车刀的类型

内孔车刀刀头的形状基本上与外圆车刀相同，但是内孔车刀的工作条件和外圆车刀有所不同。内孔车刀可以做成整体式结构，如图 3-11（a）和（c）所示。这种刀具因为刀杆太短，所以只适用于加工浅孔。加工深孔时，为节省刀具材料和提高刀杆强度，也可用高速钢或硬质合金做成较小的刀头，安装在碳钢或合金钢刀杆前端的方孔中，并用螺钉固定，如图 3-11（b）和（d）所示。在通孔车刀的刀杆上，刀头垂直于刀杆轴线；在盲孔车刀的刀杆上，刀头和刀杆轴线之间呈一定的角度。通常刀杆的伸出量是固定的，不能按孔的加工深度来调整。若后部为方形刀杆，就可以根据孔的加工深度来调整刀杆的伸出量，以克服伸出量固定的缺点。

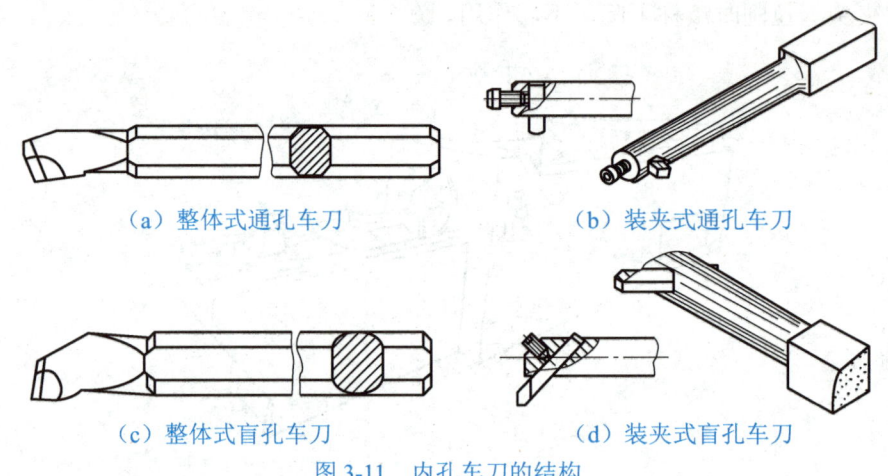

(a) 整体式通孔车刀　　(b) 装夹式通孔车刀

(c) 整体式盲孔车刀　　(d) 装夹式盲孔车刀

图 3-11　内孔车刀的结构

3.3.4　麻花钻

麻花钻是常用的钻孔刀具。一般用于孔的粗加工（IT11 以下精度及表面粗糙度 Ra 为 6.3～25 μm），也可用于加工铰孔、拉孔、镗孔、磨孔的预制孔。

1. 麻花钻的组成

麻花钻由柄部、颈部和工作部分组成，如图 3-12 所示。

（1）柄部。柄部是麻花钻的夹持部分，装夹时起定心作用，切削时传递转矩。柄部有莫氏锥柄和直柄两种形式。柄部直径在 ϕ13 mm 以下的多用直柄，直径在 ϕ13 mm 以上的多用莫氏锥柄。

（2）颈部。颈部是柄部与工作部分之间的连接部分，可作为磨削外径时砂轮退刀的位置，并常刻有麻花钻的规格和厂标。

（3）工作部分。工作部分是麻花钻的主体，由切削部分和导向部分组成。切削部分相当于两把并列且反向安装的车刀，主要起切削作用。导向部分是切削部分的后备部分，包括两个螺旋槽和两条狭长的螺旋棱带。其中，螺旋槽有排屑和输送切削液的作用，螺旋棱带有引导钻头切削和修光孔壁的作用。

为了提高麻花钻的强度和刚度，工作部分的钻心厚度（用一个假设圆直径 d_c 表示）一般为 $0.125d \sim 0.15d$，且钻心呈正锥形，如图 3-12（d）所示。

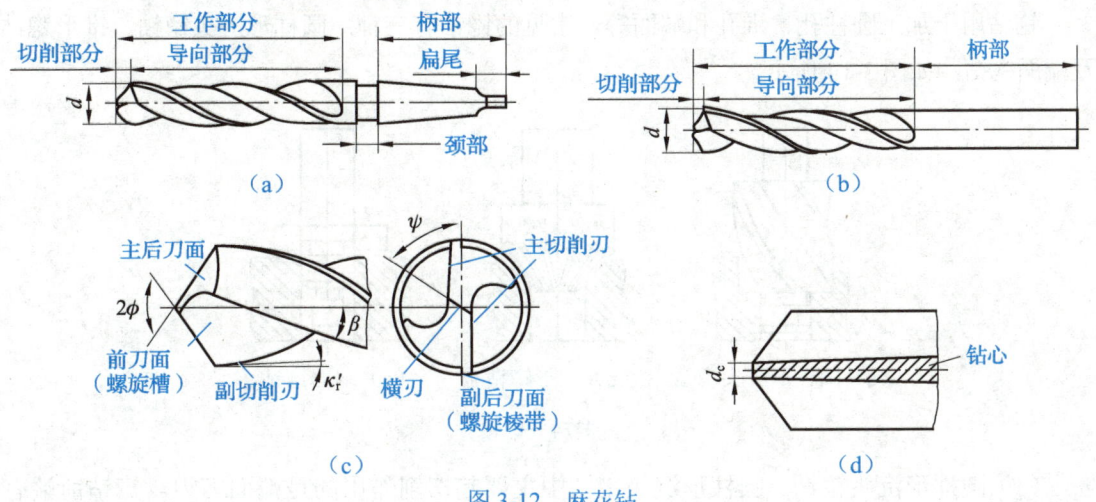

图 3-12　麻花钻

2．麻花钻的选用

选用麻花钻时，主要考虑直径和长度两个参数。

（1）对于精度要求不高的孔，可以使用麻花钻直接钻出，选择麻花钻直径的主要依据是被加工孔的直径。对于精度要求较高的孔，钻孔后还要进行扩孔、铰孔等后续加工，在选择麻花钻加工时，应为后续加工留下必要的加工余量。

（2）选择麻花钻时，应确保其导向部分略长于孔的深度。此外，不宜选太长或太短的麻花钻。太长的麻花钻，刚度小；太短的麻花钻，排屑困难，且不能加工通孔。

3.3.5　扩孔钻

扩孔钻一般用于孔的半精加工或终加工，用于铰或磨前的预加工或毛坯孔的扩大。标准扩孔钻有 3~4 个刃带，无横刃，其前角和后角沿切削刃的变化小，因此加工时导向效果好，轴向抗力小，切削效率高。

扩孔钻主要有整体式和套装式两种，如图 3-13 所示。其中，整体式扩孔钻适用于加工直径较小的孔；套装式扩孔钻适用于加工直径较大的孔。

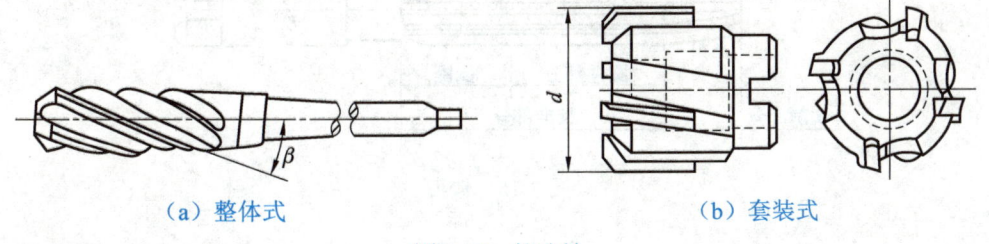

图 3-13　扩孔钻

3.3.6 锪钻

锪钻用于加工圆柱孔、锥孔和端面等。常见的锪钻有三种：圆柱形沉头锪钻、锥形锪钻及端面锪钻，如图 3-14 所示。

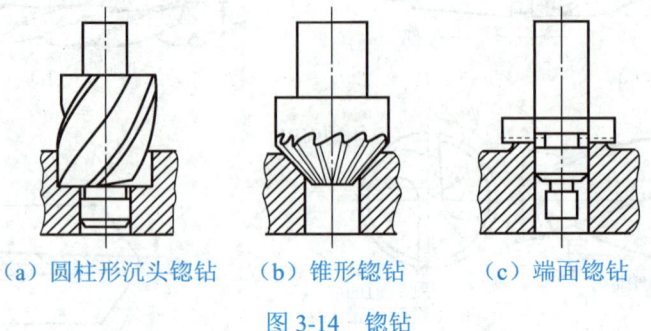

(a) 圆柱形沉头锪钻　　(b) 锥形锪钻　　(c) 端面锪钻

图 3-14　锪钻

(1) 圆柱形沉头锪钻。圆柱形沉头锪钻中主要起切削作用的是端面刀刃。锪钻前端有导柱，导柱与工件已有孔紧密配合，以保证良好的定心和导向作用。

(2) 锥形锪钻。按工件锥形埋头孔要求的不同，锥形锪钻的锥角有 60°、75°、82°、90°、100°、110°、120°等，其中锥角为 90°的锥形锪钻应用最广泛。

(3) 端面锪钻。端面锪钻可以保证孔的端面与中心线之间的垂直度。当已加工孔的孔径较小时，为了使刀杆保持一定强度，可将刀杆头部的一段与已加工孔紧密配合，以保证良好的导向作用。

3.3.7 铰刀

铰刀用于铰削工件上已钻削（或扩孔）加工后的孔，它可以加工圆柱孔、圆锥孔、通孔和盲孔等。

1. 铰刀的组成

铰刀由柄部、颈部及工作部分组成，如图 3-15 所示。

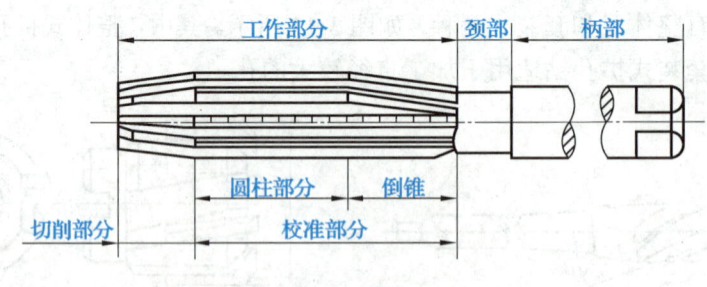

图 3-15　铰刀

（1）柄部。柄部有圆柱形、圆锥形和圆柄方榫三种形状，在装夹时起定心作用，切削时传递转矩。

（2）颈部。颈部是指柄部与工作部分之间的连接部分，常刻有铰刀规格和厂标。

（3）工作部分。工作部分由切削部分和校准部分组成。切削部分主要起切削作用。校准部分由圆柱部分和倒锥组成。其中，圆柱部分主要起导向、校准和修光作用，倒锥主要起减少与孔壁的摩擦和防止孔径扩大的作用。

2．铰刀的类型

铰刀按铰孔形状不同，可分为圆柱铰刀和圆锥铰刀；按容屑槽方向不同，可分为直槽铰刀和螺旋槽铰刀；按使用方式不同，可分为手用铰刀和机用铰刀，其中机用铰刀又可分为直柄铰刀和锥柄铰刀。几种常用的铰刀如图 3-16 所示。

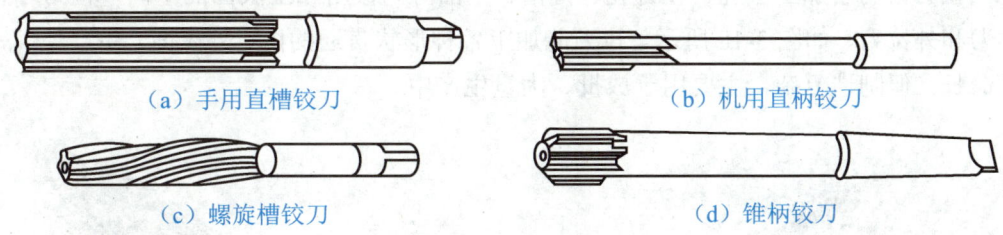

图 3-16　几种常用的铰刀

3．铰刀的选用

铰孔的精度主要取决于铰刀的尺寸。铰刀的基本尺寸与孔的基本尺寸相同。铰刀的公差是根据孔的精度等级、加工时可能出现的扩大量或收缩量及所允许的铰刀磨损量来确定的。可通过公式来确定铰刀的上下极限偏差，即

$$上极限偏差 = 2/3 \times 被加工孔公差 \quad (3-1)$$
$$下极限偏差 = 1/3 \times 被加工孔公差 \quad (3-2)$$

为了保证铰孔的精度，最好选择被加工孔公差带中间 1/3 左右尺寸的铰刀。例如，铰 $\phi 20^{+0.021}_{0}$ mm 孔时，选择尺寸为 $\phi 20^{+0.014}_{+0.007}$ mm 的铰刀较为合适。铰刀必须有锋利的刃口，无崩刃、毛刺等缺陷。使用铰刀时，要防止其与工件碰撞，及时清理刀槽内切屑，使用后将其洗净、涂油防锈，保管时要用塑料套保护好刃口。

> **经验传承**
>
> 铰刀主要用于孔的半精加工和精加工，通常用于加工孔径小于 $\phi 80$ mm 的孔。铰刀的生产率较其他精加工方法高，但适应性较差，一种铰刀只能用于加工一种尺寸的孔。

3.3.8 拉刀

拉刀是一种多齿刀具，如图 3-17 所示。拉削时，利用拉刀上相邻刀齿的尺寸变化来切除加工余量，使被加工表面一次成形，因此在拉床上只有主运动，无进给运动。

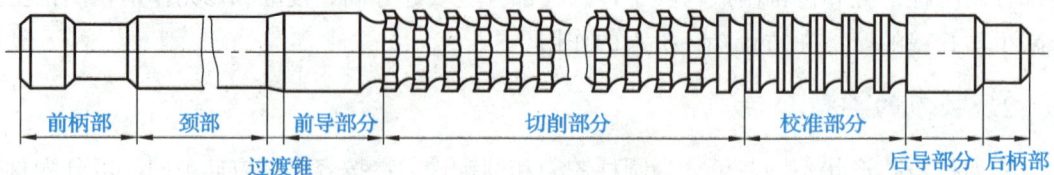

图 3-17 拉刀

拉刀常用于加工圆孔、花键孔、键槽、平面等。按所加工表面的不同，拉刀可分为内拉刀和外拉刀，如图 3-18 所示。拉刀能加工各种形状贯通的内、外表面，生产率高，使用寿命长，但制造复杂，主要用于成批、大量生产中。

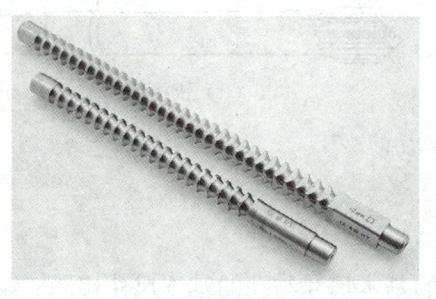
（a）内拉刀

（b）外拉刀

图 3-18 拉刀

3.4 套类零件的装夹

套类零件主要有两种装夹方法：一种是用外圆或外圆与端面定位装夹；另一种是用已加工孔定位装夹。

刀具的装夹

3.4.1 用外圆或外圆与端面定位装夹

用外圆或外圆与端面定位装夹套类零件时，通常采用自定心卡盘或单动卡盘等夹具。当工件为毛坯时，仅以外圆为粗基准定位装夹；在工件外圆和端面加工后，再以外圆或外圆与端面定位装夹。

3.4.2 用已加工孔定位装夹

为保证套类零件上孔与外圆的同轴度，通常用已加工孔定位装夹工件，精加工外圆及端面。

若孔和外圆的同轴度要求不高，可采用圆柱形心轴或可胀式弹性心轴定位装夹工件，如图 3-19（a）和（b）所示；若孔和外圆的同轴度要求较高，可采用小锥度心轴或液性塑料心轴定位装夹工件，如图 3-19（c）和（d）所示。

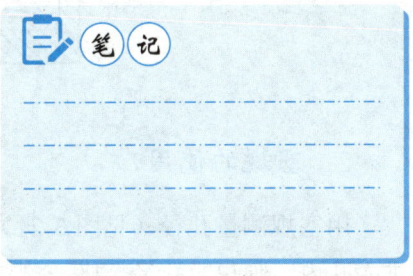

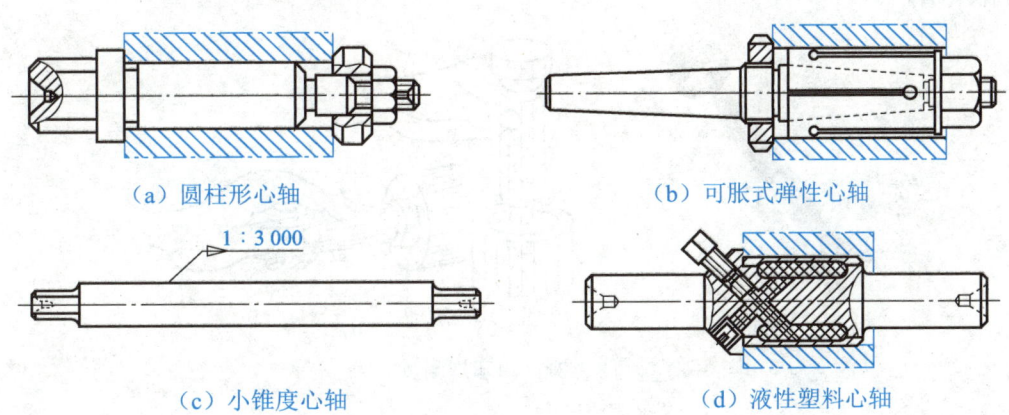

图 3-19 用已加工孔定位装夹

3.5 套类零件的检测

套类零件的检测包括尺寸精度和几何精度的检测。

3.5.1 尺寸精度的检测

孔的尺寸精度可用内卡钳、塞规、内径千分尺或内径百分表等测量。

1. 内卡钳的使用

用内卡钳测量（见图 3-20）时，首先用内卡钳测出孔径，再将其从孔中移出，用游标卡尺或千分尺测出内卡钳张开的距离，此距离就是所测内径的尺寸。采用内卡钳测得的内径尺寸误差较大。

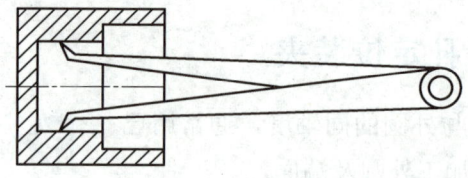

图 3-20 用内卡钳测量

2. 塞规的使用

用塞规测量孔径（见图 3-21）时，若塞规通端（T）能进入孔内，而止端（Z）无法进入孔内，则说明孔径合格。测量盲孔时，为了排除孔内的空气，塞规的外圆上（轴向）开有排气槽。

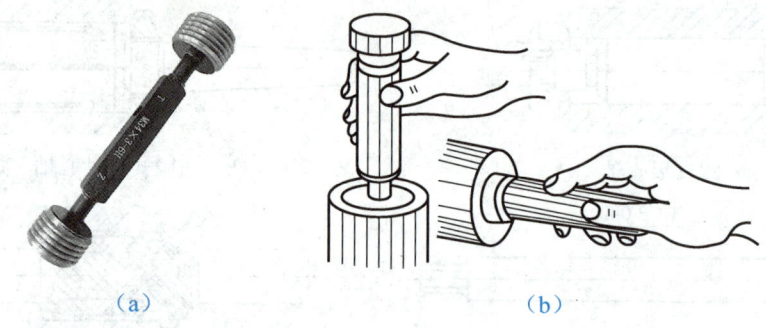

图 3-21 用塞规测量

3. 内径千分尺的使用

内径千分尺的读法与外径千分尺相同。用内径千分尺测量（见图 3-22）时，将卡爪置于孔内并摆动，使卡爪与孔壁靠紧，直至读数达到最大值，该读数就是被测孔的尺寸。

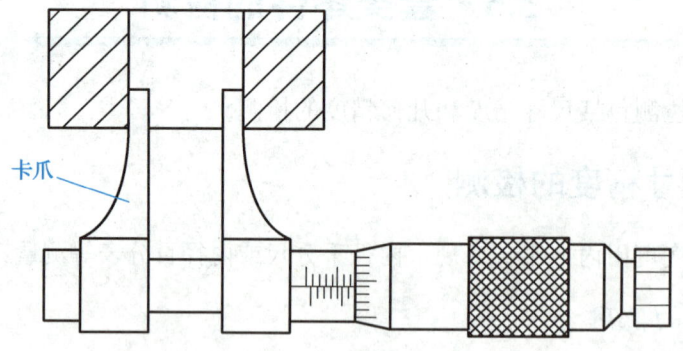

图 3-22 用内径千分尺测量

4. 内径百分表的使用

内径百分表用于测量精度要求较高且较深的孔。用内径百分表测量（见图 3-23）内径是一种比较测量法，测量前应根据被测孔孔径的大小，用千分尺或环规调整好尺寸。测量时，轻微摆动内径百分表，直至找到轴向平面的最小尺寸（转折点）后再读数。

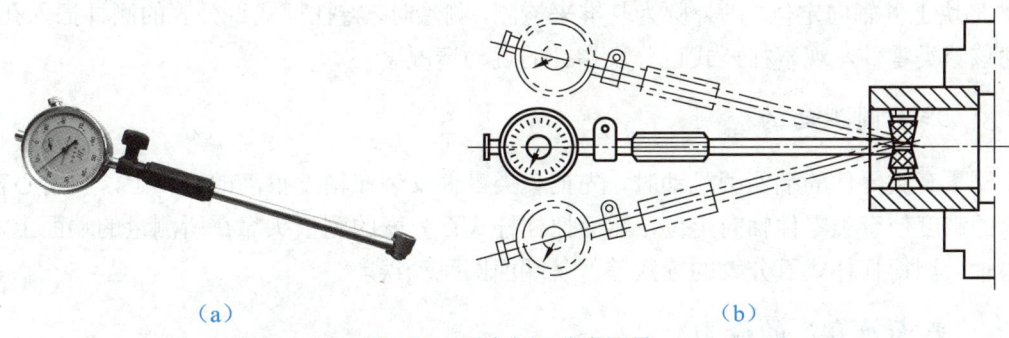

(a)   (b)

图 3-23   用内径百分表测量

3.5.2   几何精度的检测

几何精度的检测包括形状精度、径向圆跳动、端面圆跳动及端面垂直度的检测。

1. 形状精度的检测

测量孔的形状精度时，一般仅测量孔的圆度和圆柱度（一般测量锥度）两项形状偏差。当孔的圆度要求不高时，在生产现场可用内径百分表在孔的圆周各个方向上测量，所测最大值与最小值之差的一半即为圆度误差。

测量孔的圆柱度时，只需要在孔的长度方向上取前、中、后几点，比较其测量值，最大值与最小值之差的一半即为圆柱度误差。

2. 径向圆跳动的检测

一般测量套类零件的径向圆跳动时，可以用孔作基准，把套类零件安装在精度很高的心轴上，用杠杆式百分表来测量，如图 3-24 所示。杠杆式百分表沿工件转一周的读数差，就是径向圆跳动误差。

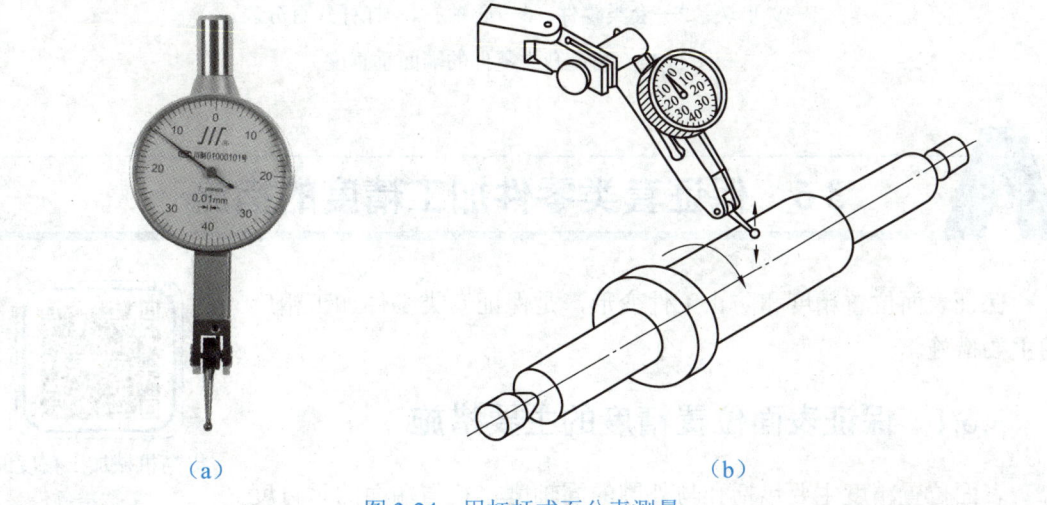

(a)   (b)

图 3-24   用杠杆式百分表测量

对于某些外形简单而内部形状复杂的套类零件,当其不能安装在心轴上时,可将其放在 V 形块上并轴向定位,以外圆为基准来检测。测量时,将杠杆式百分表的测杆插入孔内,转动该套类零件,观察杠杆式百分表指针的跳动情况。

3. 端面圆跳动的检测

测量套类零件的端面圆跳动时,先把套类零件安装在精度很高的心轴上,利用心轴上极小的锥度使套类零件轴向定位,然后把杠杆式百分表的测量头靠在所测量的端面上,转动心轴,测得杠杆式百分表的读数差就是端面圆跳动误差。

4. 端面垂直度的检测

测量套类零件的端面垂直度之前,要先确认端面圆跳动是否合格。如图 3-25 所示,端面圆跳动检查合格后,把套类零件安装在心轴上并放在高精度的平板上,再检验端面垂直度。检验时,先校正心轴的垂直度,然后将杠杆式百分表从端面一点一点向外拉出,杠杆式百分表指示的读数差就是端面垂直度误差。

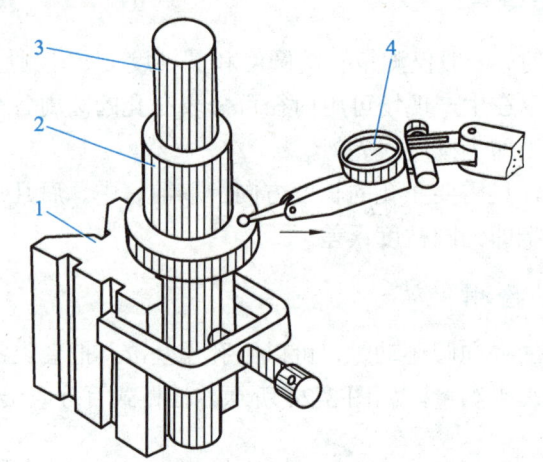

1—V 形块;2—套类零件;3—心轴;4—杠杆式百分表。

图 3-25 测量套类零件的端面垂直度

3.6 保证套类零件加工精度的措施

保证表面位置精度和防止工件变形,是保证套类零件加工精度的主要措施。

3.6.1 保证表面位置精度的主要措施

表面位置精度主要包括孔与外圆的同轴度、孔与端面的垂直度。

提高机械加工精度的工艺措施

保证表面位置精度可采取如下措施。

1. 在一次装夹中完成内圆、外圆和端面的加工

在短小套类零件的单件小批生产中，可采用在一次装夹中完成内圆、外圆和端面加工的方法（俗称"一刀落"）。如图 3-26 所示，采用这种加工方法加工固定套时，可用 90°偏刀、45°弯头刀、切槽刀和铰刀，在一次装夹中精加工各内圆、外圆和端面，最后用切断刀把工件切断。这种方法可避免工件因多次装夹而产生定位误差，可保证孔与外圆的同轴度、孔与端面的垂直度。

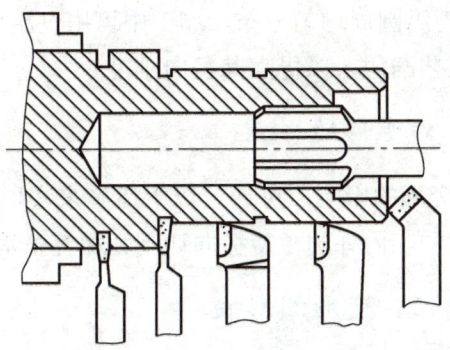

图 3-26 一次装夹中加工固定套

经验传承

当机床精度较高时，采用"一刀落"的加工方法可获得较高的几何精度。但由于在加工中要经常改变切削用量、转换刀架和装卸刀具，工件的尺寸精度控制难度较大，因此对工人的技术水平要求较高。

2. 先精加工孔，再以孔为定位基准加工外圆

当大批量加工中、小型套类零件时，为了提高生产率，通常分数次装夹来加工各表面。采用这种方法时，可先用自定心卡盘或单动卡盘装夹，粗车孔、外圆，后精车孔；然后以孔为定位精基准，把工件装夹在心轴上精车外圆，以保证较高的位置精度。

3. 先精加工外圆，再以外圆为定位基准加工孔

当加工的套类零件外圆较大、孔较小、长度较短时，通常以外圆为定位精基准来保证孔的加工精度。采用这种方法时，使用精度较高的定心夹具，如弹簧膜片卡盘、液性塑料夹具、经过修磨的自定心卡盘和软爪等，可保证较高的位置精度，且工件的装夹较为迅速可靠。

3.6.2 防止工件变形的主要措施

套类零件由于壁薄,加工中常受夹紧力、切削力、残余应力和切削热等因素的影响而产生变形,导致加工精度降低。为了防止工件变形,可采取如下措施。

1. 减小夹紧力对工件变形的影响

为减小夹紧力对工件变形的影响,可通过以下措施来实现:① 改变夹紧力的方向,即将径向夹紧改为轴向夹紧,使夹紧力作用在工件刚度较大的部位;② 当需要径向夹紧时,应尽可能使径向夹紧力沿圆周均匀分布,加工中可用过渡套、弹性套或扇形爪来满足要求;③ 在工件上做出工艺凸边,以提高其径向刚度。

2. 减小切削力对工件变形的影响

为减小切削力对工件变形的影响,可通过以下措施来实现:① 增大刀具主偏角等来减小径向切削力;② 同时加工内外圆,使径向切削力相互抵消。

3. 减小残余应力对工件变形的影响

为减小残余应力对工件变形的影响,可通过以下措施来实现:① 进行热处理,消除残余应力;② 热处理工序放在粗、精加工之间进行,以便使热处理引起的变形在精加工中得以纠正。

4. 减小切削热对工件变形的影响

为减小切削热对工件变形的影响,可通过以下措施来实现:① 在加工时注入足够的切削液进行冷却;② 在粗、精加工之间留有充分的冷却时间。

3.7 套类零件的工艺分析

下面以图 3-1 所示轴承套为例,对其进行工艺分析。

(1)轴承套的车削工艺方案较多,可以是单件加工,也可以是多件加工。单件加工生产率较低,原材料浪费较多(每件都要留有装夹的长度)。

(2)轴承套材料为 HT200,形状简单,精度要求中等,但孔径较大,因此选择铸铁件作为毛坯,可选用外径为 $\phi 70$ mm 的铸铁棒料。加工轴承套的同时考虑到形状精度和位置精度要求较高,为减少装夹次数,可采用四件合一的加工方式。

(3)轴承套外圆的精度为 IT7,采用精车可以满足要求。孔的精度为 IT7,采用车孔可以满足要求,孔的加工方案为钻孔—粗车—精车。车孔时应与左端面一同加工,以保证端面与孔的垂直度；然后以孔为基准，利用小锥度心轴装夹，加工外圆和另一端面。在一次装夹中尽可能完成各主要表面的加工，以满足轴承套较高的位置精度要求。

（4）轴承套加工可划分为先粗加工，再半精加工，最后精加工。对于生产批量不大的轴承套，适合采用工序集中的组织方式。

轴承套的机械加工工艺路线为下料—钻中心孔（基准先行）—粗车外圆、退刀槽—钻孔—车端面—镗、铰孔—精车外圆至尺寸—检验。轴承套的机械加工工艺过程如表 3-6 所示。

表 3-6　轴承套的机械加工工艺过程

工序号	工序名称	工序内容	定位基准	加工设备
1	下料	$\phi 70$ mm×223 mm，按四件合一加工下料	外圆	锯床
2	钻中心孔	车一端面，钻中心孔；调头车另一端面，钻中心孔	毛坯外圆	卧式车床
3	粗车	粗车 $\phi 60$ mm 外圆、长度为 12.5 mm；车 $\phi 44$ mm 外圆至 $\phi 45$ mm；车退刀槽 3 mm×2.5 mm，取总长 50.5 mm，两端倒角 C1.5	中心孔	卧式车床
4	钻孔	钻 $\phi 30H7$ 孔至 $\phi 29$ mm，车成单件	$\phi 60$ mm 外圆	数控车床
5	车、镗、铰	车端面，取总长 50 mm 至尺寸；镗 $\phi 30H7$ 孔至 $\phi 30_{-0.10}^{-0.05}$ mm 尺寸；铰 $\phi 30H7$ 孔至尺寸；孔两端倒角	外圆	数控车床
6	精车	车 $\phi 44$ mm 外圆至尺寸	$\phi 30H7$ 小锥度心轴	数控车床
7	检验	按图样要求检测尺寸精度、几何精度和表面质量		

3.8　工作实践中常见问题分析

套类零件加工中的常见问题、产生原因及预防对策如表 3-7 所示。

表 3-7　套类零件加工中的常见问题、产生原因及预防对策

常见问题	产生原因	预防对策
孔的尺寸大	车孔时，没有仔细测量	仔细测量并进行试切削
	铰孔时，铰刀尺寸大于要求尺寸，尾座偏移	检查铰刀尺寸，校正尾座，采用浮动套筒
孔有锥度	车孔时，内孔车刀磨损。车床主轴轴线歪斜，车身导轨严重磨损	修磨内孔车刀，校正、维修车床
	铰孔时，尾座偏移，孔口扩大	校正尾座，采用浮动套筒

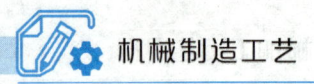
机械制造工艺

表 3-7（续）

常见问题	产生原因	预防对策
孔表面粗糙度大	车孔时，内孔车刀磨损，刀杆产生振动	修磨内孔车刀，采用刚度较大的刀杆
	铰孔时，铰刀磨损或切削刃上有崩口、毛刺	修磨铰刀，刃磨后保管好
	切削速度选择不当，产生积屑瘤	铰孔时，采用合适的切削速度，加注切削液
同轴度、垂直度超差	在一次装夹并完成多个表面加工的过程中，工件移位或机床精度不高	装夹牢固，减小切削用量，调整机床精度
	用心轴装夹时，心轴中心孔有毛刺，或心轴本身同轴度超差	心轴中心孔应保护好，可研修中心孔，如心轴弯曲，可校直或重制
	用软卡爪装夹时，软卡爪没有车好	软卡爪应在本车床上车出，直径与工件装夹尺寸基本相同
套类零件加工变形	受夹紧力、切削力、内应力和切削热等因素的影响而产生变形	粗、精加工应分开进行，粗加工产生的变形在精加工中可以得到纠正，通过将径向夹紧改为轴向夹紧使夹紧力作用在工件刚度较大的部位

铸魂逐梦

精雕细琢，追求极致

把误差控制在一根头发丝的三十分之一内，不断提升加工精度，这是内蒙古一机集团数控车工赵晶的追求。正是这份执着追求，使她成为内蒙古一机集团国家级数控大师工作室负责人。

2003 年，刚进厂的赵晶就给自己定下目标：做一名优秀的技术工人。2006 年，年仅 22 岁、入行仅 3 年的赵晶首次代表内蒙古一机集团参加全国数控技能大赛，取得了第四名的好成绩。

液压传操部件精密加工是我国重型装甲车加工制造的核心难题。赵晶勤于思考，小心验证，时常彻夜难眠，每张图纸的细节像放电影一样在她脑海中一遍遍回放。一旦有了灵感，她便立马起身，将其记录在笔记本上，最终练就了薄壁加工和套类零件高精度加工的绝活，产品加工精度也从最初的毫米级公差飞跃至微米级公差。她独创的"一位双刀套类零件操作法"在保证设计精度的同时，将产品合格率提高到了 99.7%。赵晶多年来先后攻克了 30 余个型号、数百种零件的加工难题。

2013 年，赵晶数控大师工作室成立。随着数控加工技术向数字化、信息化、智能化方向发展，3D 打印技术让赵晶和她的团队多了一项攻克关键核心零部件加工技术难题的法宝。赵晶数控大师工作室成立以来，赵晶带领团队在一系列主战装备型号项目工程研制中，攻克多个精密加工技术难点，完成技术攻关 70 余项，获得国家专利 4 项，创造经济效益 2 000 多万元。

项目 3　套类零件机械加工工艺规程

赵晶把多年的读书笔记、操作经验编写成数控加工培训教材，毫无保留地传授给青年技工，还通过"互联网＋培训"开创了工匠人才培训新模式。

2019 年 10 月 1 日，庆祝中华人民共和国成立 70 周年大会在天安门广场举行，作为党的十九大代表，赵晶受邀登上观礼台，现场目睹公司生产的武器装备受阅，那一刻，她觉得无比自豪。她还先后获得中国兵器关键技能带头人、全国三八红旗手标兵、全国技术能手、中央企业优秀共产党员等荣誉称号。

面对荣誉，赵晶说："我只是一名普通的一线技术工人，没有公司给我提供的事业平台，没有组织的教育和培养，也就没有今天的赵晶。"

（资料来源：吕学先，《赵晶：精雕细琢 追求极致》，中工网，2022 年 10 月 7 日）

　项目实训——编制轴承套的机械加工工艺规程

1. 项目描述

全班学生以 3～5 人为一组进行分组，以组为单位编制如图 3-1 所示轴承套的工序卡。

2. 实训内容

1）分析零件结构工艺性

轴承套包括孔、外圆、端面和沟槽等，主要起支承或导向作用。该轴承套的形状精度和位置精度要求较高，表面粗糙度要求小，孔壁较薄，容易变形。通过对结构、尺寸进行分析，此轴承套的结构工艺性较好。

2）画出工序简图

根据轴承套的零件图画出表 3-6 所示工序 4（钻孔）的工序简图。在图中标出本工序的尺寸精度、形状精度等技术要求。

3）选择毛坯

轴承套的形状简单，因此选择 $\phi70\,\text{mm}\times223\,\text{mm}$ 的铸铁棒料作为毛坯。

4）选择定位基准

以轴承套外圆 $\phi60\,\text{mm}$ 为定位基准。

5）设计工步内容

（1）选择机床设备及工艺装备。选用 CA6140 型卧式车床、麻花钻、切断刀、游标卡尺、千分尺等。

（2）确定切削用量和切削液。钻孔时选用麻花钻，切削速度为 20 m/min，进给量为 0.2 mm/r，背吃刀量为 14.5 mm；切断时选用切断刀，切削速度为 15 m/min，进给量为 0.1 mm/r，背吃刀量为 2.7 mm。对于 HT200，可不用切削液。

6）填写工艺文件

根据前述分析和说明，填写此轴承套的工序卡，如表 3-8 所示。

表 3-8 轴承套的工序卡

M 机械厂		机械加工工序卡	产品型号	×××	零件图号	×××		
			产品名称	×××	零件名称	轴承套	共××页	第××页
			车间	工序号	工序名称	材料牌号		
			金工	4	钻孔	HT200		
			毛坯种类	毛坯外形尺寸	每毛坯可制件数	每台件数		
			原型材	φ70 mm×223 mm	4	1		
			设备名称	设备型号	设备编号	同时加工数		
			卧式车床	CA6140	J-678	1		
			夹具编号		夹具名称	切削液		
			工位器具编号		工位器具名称	工序工时		
						准终	单件	
工步号	工步内容	工艺装备	主轴转速/(r·min⁻¹)	切削速度/(m·min⁻¹)	进给量/(mm·r⁻¹)	背吃刀量/mm	走刀次数	工步工时
								机动 / 辅助
1	钻孔，尺寸达到 φ29 mm	麻花钻、游标卡尺、千分尺	220	20	0.2	14.5	2	
2	切断，长度达到 50 mm	切断刀、游标卡尺	165	15	0.1	2.7	1	
设计（日期）			校对（日期）			审核（日期）		

项目考核

1. 填空题

（1）套类零件在机械设备中主要起_____或_____作用。

（2）套类零件的技术要求通常包括孔的技术要求、_____、_____和_____。

（3）套类零件的外圆和端面加工根据精度要求可选择_____或_____。

（4）当机床精度较高时，为获得较高的几何精度可采用_____的加工方法。

2. 选择题

（1）精密轴承套中孔的尺寸精度为（　　）。
  A．IT6　　　　　　　　　　B．IT7
  C．IT9　　　　　　　　　　D．IT11

（2）对于孔径较小（一般小于 20 mm）的套类零件，一般选用（　　）作为毛坯。
  A．冷冲压件　　　　　　　　B．锻件
  C．棒料　　　　　　　　　　D．焊件

（3）加工套类零件时的定位基准是（　　）。
  A．外圆或孔　　　　　　　　B．端面
  C．外圆　　　　　　　　　　D．孔

（4）保证表面位置精度和（　　），是保证套类零件加工精度的主要措施。
  A．尺寸精度　　　　　　　　B．跳动精度
  C．防止工件变形　　　　　　D．形状精度

3. 判断题

（1）一般情况下，孔的表面粗糙度 Ra 为 0.16～2.5 μm。（　　）

（2）套类零件的毛坯类型与所用材料、结构、尺寸及加工方法有关。（　　）

（3）对于孔径较大（一般大于 20 mm）的套类零件，一般选用轧制件或粉末冶金件作为毛坯。（　　）

（4）扩孔的目的是扩大孔径并提高加工精度和表面质量。（　　）

（5）测量孔的形状精度时，一般仅测量孔的圆度和圆柱度（一般测量锥度）两项形状偏差。（　　）

4．简答题

（1）简述套类零件中孔的技术要求。

（2）简述增加内孔车刀刚度的主要措施。

（3）简述通过减小夹紧力来防止工件变形的主要措施。

（4）如图 3-27 所示为液压缸，其毛坯为无缝钢管，生产类型为小批生产，分析该液压缸的机械加工工艺过程。

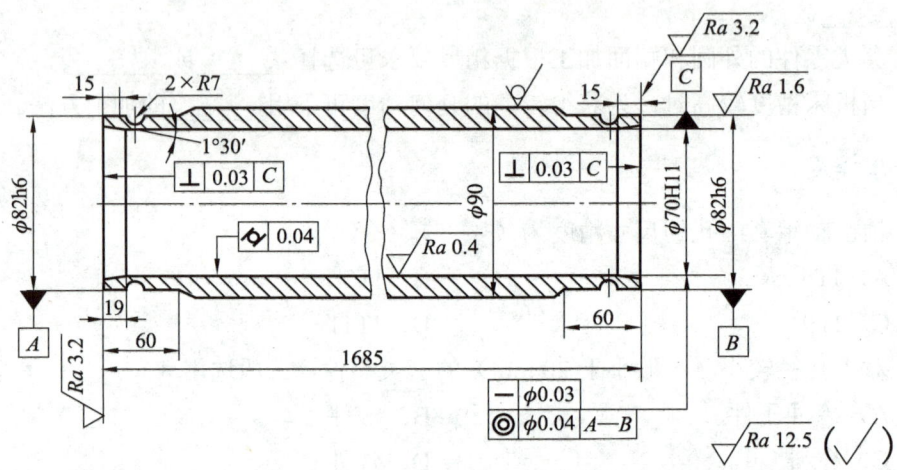

图 3-27　液压缸

项目3 套类零件机械加工工艺规程

项目评价

指导教师根据学生的实际学习成果对其进行评价,学生配合指导教师共同完成学习成果评价表,如表 3-9 所示。

表 3-9 学习成果评价表

姓名: 　　　　　组号: 　　　　　指导教师:

评价项目	评价内容	满分/分	评分/分		
			自评	互评	师评
知识 (50%)	了解套类零件的功用、结构特点和技术要求	5			
	熟悉套类零件的材料、毛坯和热处理方法	10			
	掌握套类零件的加工方法、常用的机床设备和刀具	10			
	掌握套类零件装夹和检测方法	10			
	掌握保证套类零件加工精度的措施	10			
	了解套类零件的工艺及工作实践中常见问题的分析方法	5			
技能 (30%)	能够编制一般套类零件的机械加工工艺规程	30			
素养 (20%)	积极参加教学活动,主动学习、思考、讨论	5			
	认真负责,按时完成学习任务	5			
	团结协作,与组员之间密切配合	5			
	服从指挥,遵守课堂纪律	5			
合计		100			
总评	自评(20%)+ 互评(20%)+ 师评(60%)=		综合等级:		
自我评价					
指导教师评价					

项目 4 箱体类零件机械加工工艺规程

项目引入

小张是某机械加工厂一名新来的工艺员。一天，小张接到了一项编制某车床变速箱（见图 4-1）机械加工工艺规程的任务。已知该车床变速箱材料为 ZL106，生产类型为小批生产。变速箱的结构较为复杂，这让小张犯了难。厂里的师傅告诉小张，在编制任何零件的机械加工工艺规程前，均需要耐心研读零件图，按照步骤设计。经过多日的思索分析，小张终于完成了这项任务。

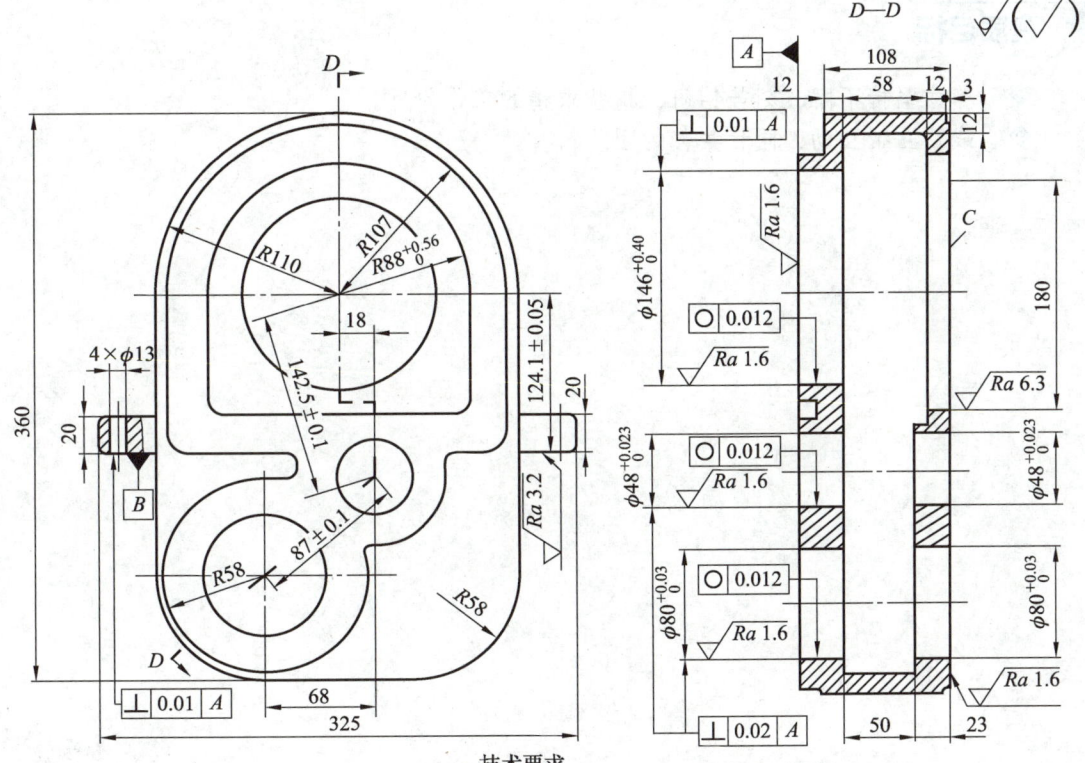

技术要求
1. 材料：ZL106。
2. 内部涂黄漆。

图 4-1 某车床变速箱

机械制造工艺

变速箱属于箱体类零件，是车床中重要的传动部件。它将车床电动机和主轴联结起来，将动力从电动机传递到主轴，从而使主轴转动以加工工件。变速箱壳体形状复杂，加工工序繁多。装配要求不同，变速箱各部位的加工精度也不同。为了保证加工质量，提高生产率，必须明确技术要求，合理选择加工方法和机床设备，以及正确进行装夹和检测等。本项目主要介绍箱体类零件的技术要求、毛坯选择、加工方法、装夹和检测等。

▶ 知识目标

- ◆ 了解箱体类零件的功用、结构特点和技术要求。
- ◆ 掌握箱体类零件的材料、毛坯和热处理方法。
- ◆ 掌握箱体类零件的加工方法。
- ◆ 掌握箱体类零件常用的机床设备和刀具。
- ◆ 掌握箱体类零件的装夹和检测方法。
- ◆ 了解箱体类零件的工艺及工作实践中常见问题的分析方法。

▶ 技能目标

- ◆ 能够编制一般箱体类零件的机械加工工艺规程。

▶ 素质目标

- ◆ 养成坚持不懈、刻苦钻研、精益求精的工作作风。
- ◆ 践行互帮互助、同甘共苦的团队精神。

项目 4　箱体类零件机械加工工艺规程

项目工单 ——编制箱体类零件的机械加工工艺规程

1. 项目描述

指导教师根据实际情况，给出具体题目，如编制减速箱、变速箱等的机械加工工艺规程。

2. 学生分组

以 3～5 人为一组，选出组长并进行任务分工，将小组成员及任务分工填入表 4-1 中。

表 4-1　小组成员及任务分工

小组成员	姓名	任务分工
组长		
组员		

3. 小组讨论

在进行具体项目实施前，需要提前预习相关知识。请各组组长组织组员收集相关资料，讨论下列问题。

（1）简述箱体类零件的结构特点。

（2）简述箱体类零件常用的加工方法。

（3）加工箱体类零件时，常用哪些机床设备和刀具？

（4）箱体类零件加工中常见哪些问题？产生问题的原因是什么？如何预防这些问题的产生？

4. 制订计划

（1）制订工作计划，并将其填入表 4-2 中。

表 4-2　工作计划

序号	工作内容	负责人

项目 4　箱体类零件机械加工工艺规程

（2）将实施过程中所需要的工具等填入表 4-3 中。

表 4-3　实施过程中所需要的工具

序号	名称	单位	数量	备注

5．进行决策

（1）每个小组成员阐述自己制订的工作计划。
（2）小组成员之间进行讨论，选出本组最佳工作计划。
（3）指导教师根据各组完成情况进行点评。

6．项目实施

根据本组最佳工作计划，将详细的编制过程、遇到的问题及解决办法、项目实施总结填入表 4-4 中。

表 4-4　项目实施记录表

项目名称	实施内容
编制箱体类零件的机械加工工艺规程	

表 4-4（续）

项目名称	实施内容
遇到的问题及解决办法	
项目实施总结	

项目 4　箱体类零件机械加工工艺规程

4.1　箱体类零件的基础知识

4.1.1　箱体类零件的功用及结构特点

1. 箱体类零件的功用

箱体类零件是机器或部件的重要基础件,其功用是把有关零件连接成一个整体,使它们之间保持正确的相对位置,并按照一定的传动关系协调地工作。

2. 箱体类零件的结构特点

箱体类零件的结构一般较为复杂。不同功用箱体类零件的结构差异很大,但它们仍有一些共同特点:① 内部呈型腔、形状复杂、壁薄且厚度不均匀、加工部位多、加工量大;② 壁上有很多不同功用、不同精度要求的加工平面和孔(孔系),如各种定位基面、支承面、轴承孔、紧固孔等。其中,定位基面和轴承孔的加工精度要求较高。

常见箱体类零件有主轴箱、进给箱、变速箱、泵壳、减速箱等,如图 4-2 所示。根据结构形式的不同,箱体类零件可分为整体式箱体和分离式箱体两类。前者是整体铸造、加工而成的,加工较困难,但装配精度高;后者各组成部分可分别制造,便于加工和装配,但增加了装配工作量。

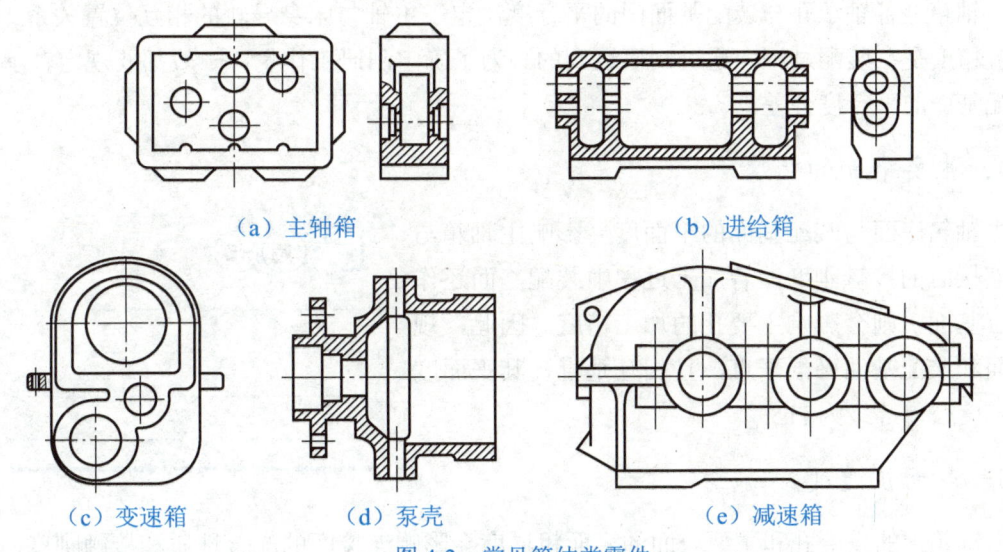

(a) 主轴箱　　　　　　　　　(b) 进给箱

(c) 变速箱　　　　(d) 泵壳　　　　(e) 减速箱

图 4-2　常见箱体类零件

课堂讨论

请大家开动脑筋想一想:图 4-2 所示的箱体类零件中哪些属于整体式箱体?哪些属于分离式箱体?除此之外,我们身边还有哪些箱体类零件?它们有哪些特点呢?

4.1.2 箱体类零件的技术要求

箱体类零件中，机床主轴箱的技术要求最高。现以某车床主轴箱（见图4-3）为例，可把箱体类零件的技术要求归纳为孔的尺寸精度和形状精度、孔与孔的位置精度、孔与平面的位置精度、主要平面的精度和表面粗糙度五项。

1. 孔的尺寸精度和形状精度

主轴箱上轴承孔的尺寸误差和形状误差会影响轴与孔的配合以及轴的回转。一般机床主轴箱轴承孔的尺寸精度为IT6，其余孔的尺寸精度为IT6～IT7；孔的形状精度除特殊规定外，一般控制在尺寸公差范围内即可。

2. 孔与孔的位置精度

主轴箱同一轴线上各孔的同轴度误差和孔端面对轴线的垂直度误差，会使轴和轴承装配到箱体上之后产生歪斜，致使主轴产生径向跳动和轴向窜动，从而加剧轴承的磨损。因此，同一轴线上各孔的同轴度公差一般约为最小尺寸公差的一半，孔端面对轴线的垂直度公差一般约为 0.015～0.02 mm。孔系之间的平行度误差会影响齿轮的啮合质量，也应规定相应的精度要求。

3. 孔与平面的位置精度

主轴箱上各轴承孔与装配基面间的平行度决定了主轴与床身导轨的相互位置关系。这项位置精度是在装配过程中通过刮研达到的。为了确定刮研工作量，一般都要规定轴承孔对装配基面的平行度公差。

4. 主要平面的精度

主轴箱底面与装配基面的平面度会影响主轴箱与床身连接时的接触刚度，若加工过程中装配基面还作为定位基面，则会影响主要孔的加工精度。因此，规定底面和装配基面必须平直，且相互垂直，其平面度和垂直度公差等级为IT5。

5. 表面粗糙度

主轴箱上的重要孔和主要表面的表面粗糙度会影响连接面的配合性质和接触刚度，一般要求轴承孔的表面粗糙度 Ra 为 0.4 μm，其他各纵向孔的表面粗糙度 Ra 为 1.6 μm，孔端面的表面粗糙度 Ra 为 3.2 μm，装配基面和定位基面的表面粗糙度 Ra 为 0.63～2.5 μm，其他平面的表面粗糙度 Ra 为 2.5～10 μm。

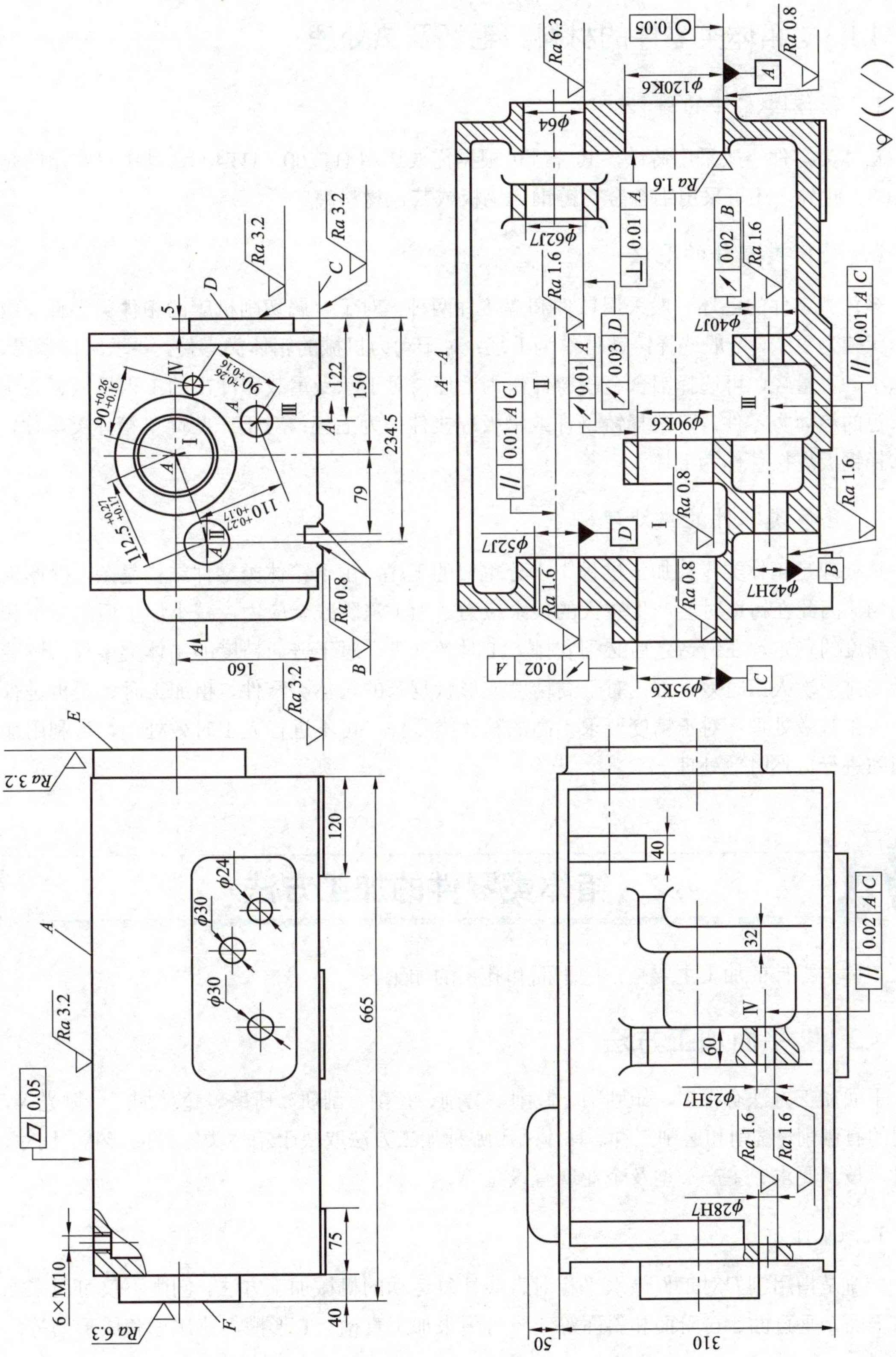
A—A
Ra 6.3
Ra 3.2
Ra 1.6
Ra 0.8
ϕ120K6
ϕ90K6
ϕ95K6
ϕ52J7
ϕ62J7
ϕ64
ϕ40J7
ϕ42H7
ϕ25H7
ϕ28H7
ϕ30
ϕ24
6×M10
665
310
160
234.5
150
122
120
79
75
60
50
40
32
5

图 4-3　某车床主轴箱

4.1.3 箱体类零件的材料、毛坯及热处理

1. 箱体类零件的材料

箱体类零件一般采用铸铁，其牌号可根据需要选用 HT200～HT400，其中最常用的是 HT200。此外，还可采用铝合金、铸钢、钢板或其他材料。

2. 箱体类零件的毛坯

箱体类零件的毛坯一般采用铸件和焊接件两种。对于金属切削机床的箱体类零件，由于形状较为复杂，一般选择铸铁件作为毛坯；对于动力机械的箱体类零件，要求结构紧凑、体积小、质量轻，可选择铝合金压铸件作为毛坯；对于承受重载和冲击的工程机械、锻压机床等的箱体类零件，可选择铸钢件或钢板焊接件作为毛坯；对于一些简单箱体类零件，常选择钢板焊接件作为毛坯。

3. 箱体类零件的热处理

热处理是箱体类零件加工过程中十分重要的工序。由于箱体类零件结构复杂，壁厚也不均匀，因此在铸造时会产生较大的残余应力。为了消除残余应力，减小加工后的变形和保证精度的稳定，在铸造之后必须安排人工时效处理。对于普通精度的箱体类零件，铸造之后安排一次人工时效处理；对于高精度或形状复杂的箱体类零件，粗加工时还要再进行一次人工时效处理；对于精度要求不高的箱体类零件，可不进行人工时效处理，可利用加工间隙进行自然时效处理。

4.2 箱体类零件的加工方法

箱体类零件的加工主要是一些平面和孔系的加工。

4.2.1 平面加工方法

平面加工方法有很多，如刨削、铣削、磨削、拉削、刮研、研磨、超精加工、抛光等，常用的有刨削、铣削和磨削三种。具体采用哪种加工方法取决于箱体类零件的形状、尺寸、材料、技术要求、生产类型及企业现有设备等。

1. 刨削

刨削是指用刨刀对工件做水平相对直线往复运动的机械加工方法。刨削不仅可用来加工水平面、垂直面、台阶面和斜面等，还可用来加工直槽、T形槽、燕尾槽和成形槽等，

如图 4-4 所示。

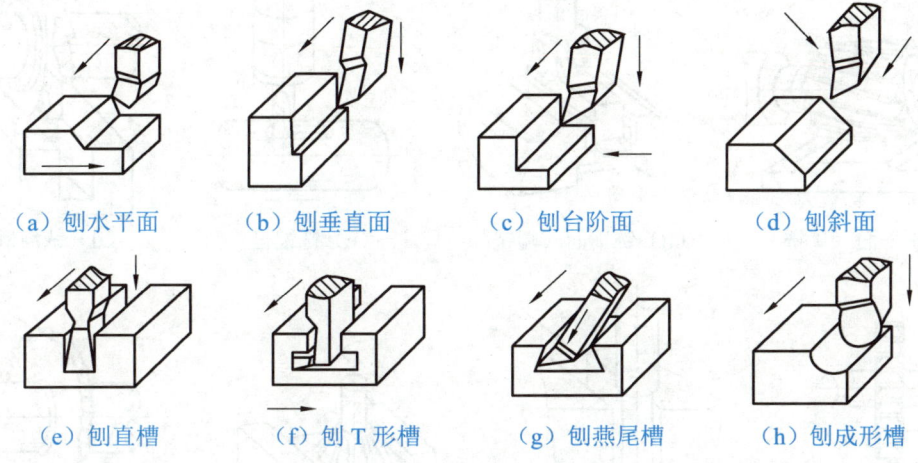

(a) 刨水平面　　(b) 刨垂直面　　(c) 刨台阶面　　(d) 刨斜面

(e) 刨直槽　　(f) 刨 T 形槽　　(g) 刨燕尾槽　　(h) 刨成形槽

图 4-4　刨削的应用范围

刨削的尺寸精度一般为 IT7～IT9，表面粗糙度 Ra 为 1.6～6.3 μm。刨削所用机床和刀具的结构比较简单，制造安装方便，调整容易且通用性强。但每个直线往复运动回程中不进行切削，加工过程不连续且冲击较重。刨削常用单刃刨刀切削，刨削量较少，因此加工效率较低。刨削通常用于单件小批生产中加工狭长平面。

> **知识角**
>
> 插削与刨削类似，但插削主要是用插刀对工件做垂直相对直线往复运动。插削主要用于加工工件的内表面，如孔内单键槽、花键孔、方孔、五边形孔等，如图 4-5 所示。
>
>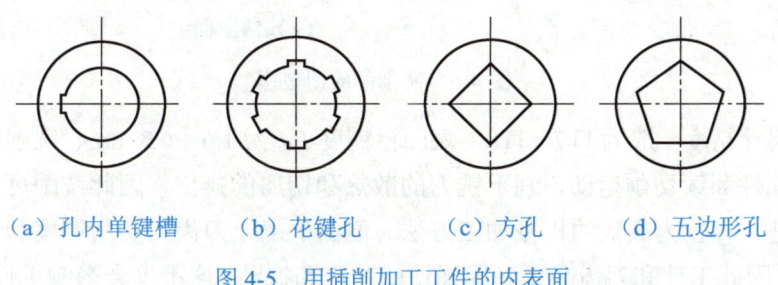
>
> (a) 孔内单键槽　　(b) 花键孔　　(c) 方孔　　(d) 五边形孔
>
> 图 4-5　用插削加工工件的内表面

2. 铣削

铣削是指铣刀旋转做主运动，工件或铣刀做进给运动的机械加工方法。铣削除了主要用于加工平面外，还适用于加工键槽、沟槽、台阶面、成形表面（如齿轮表面、曲面）等，如图 4-6 所示。

铣削的方式

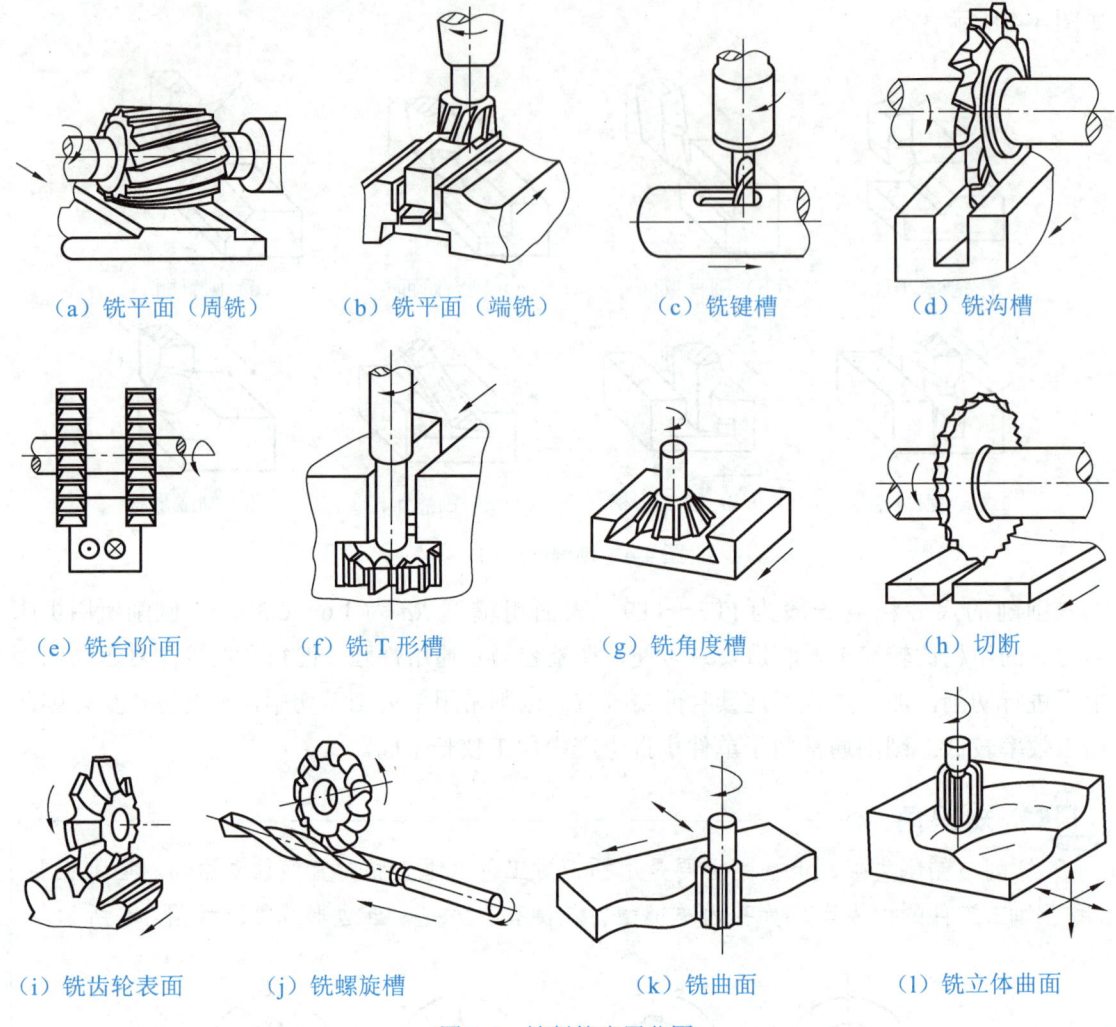

图 4-6 铣削的应用范围

铣削的尺寸精度一般为 IT7～IT8，表面粗糙度 Ra 为 1.6～6.3 μm。铣削时，铣刀的每个刀齿做周期性断续切削运动，利于铣刀的散热和切屑的排出，因此铣削可以采用较大的切削用量，是一种较为高效的机械加工方法。但由于每个刀齿的切削厚度和切削力大小是不断变化的，因此工件和刀齿会受到周期性的冲击和振动。这不仅会影响工件的表面质量，还会降低铣刀的寿命，所以铣削常用于工件的粗加工和半精加工。对于尺寸较大的箱体类零件，可采用多轴龙门铣床进行组合铣削，如图 4-7 所示。

3. 平面磨削

对于精度要求高的平面和淬火零件的平面，需要采用平面磨削方法来加工。平面磨削主要在平面磨床上进行。磨削平面时，一般以一个平面为定位基准，磨削另一个平面。两个平面如果都要求磨削，则可互为定位基准来反复磨削。

箱体类零件的生产批量较大时，常用平面磨削来精加工。平面磨削的尺寸精度一般为IT4～IT6，表面粗糙度 Ra 为 0.32～1.25 μm。为提高生产率和保证平面间的位置精度，还常采用组合磨削来精加工，如图 4-8 所示。根据砂轮工作面的不同，平面磨削可分为周磨和端磨两类。

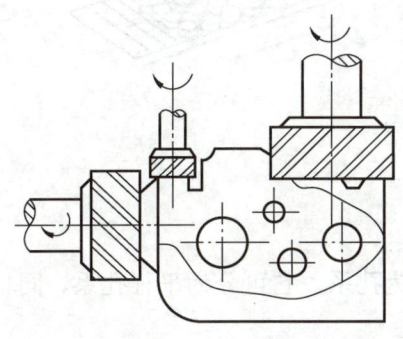

图 4-7　组合铣削

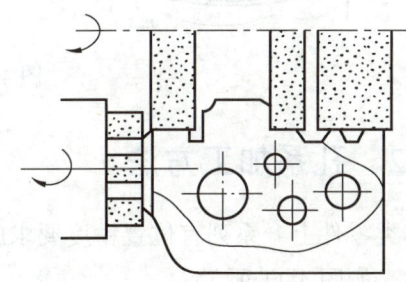

图 4-8　组合磨削

1）周磨

周磨是指用砂轮的圆周面来磨削平面的方法，如图 4-9 所示。采用周磨加工工件时，砂轮与工件的接触面小，发热量小，磨削区散热与排屑条件好，砂轮磨损较为均匀，因而加工表面的加工精度和表面质量较高。但这一磨削方式中，磨削力易使砂轮主轴弯曲变形，因而要求砂轮主轴具有较高的刚度。周磨适用于成批生产中加工对精度要求较高的平面。

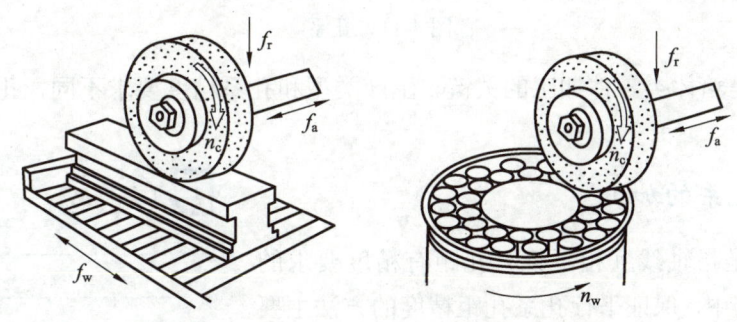

图 4-9　周磨

2）端磨

端磨是指用砂轮的端面来磨削平面的方法，如图 4-10 所示。采用端磨加工工件时，磨头轴伸出长度短，刚度好，磨头主要承受轴向力，弯曲变形小，因而可选用较大的磨削用量。砂轮与工件的接触面大，同时参加磨削的磨粒多，生产率高。但砂轮端面沿径向各点圆周速度不等会造成磨损不均匀，散热与冷却条件差，因此加工表面的加工精度和表面质量较低。端磨适用于大批生产中加工对精度要求不太高的平面。

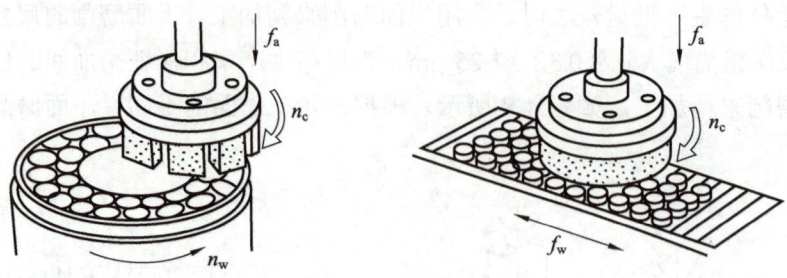

图 4-10 端磨

4.2.2 孔系加工方法

箱体类零件上一系列有位置精度要求的孔称为**孔系**。它可分为平行孔系、同轴孔系和交叉孔系,如图 4-11 所示。

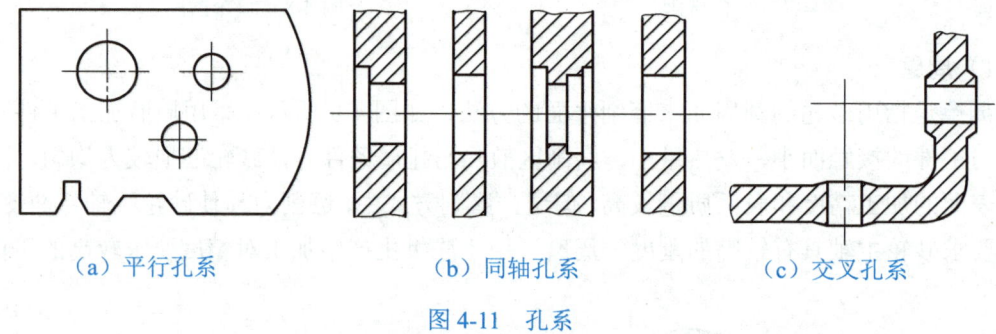

(a) 平行孔系　　　　(b) 同轴孔系　　　　(c) 交叉孔系

图 4-11 孔系

孔系加工是箱体类零件加工的关键。生产类型和孔系精度要求不同,孔系加工方法也不相同。

1. 平行孔系的加工

平行孔系是指轴线互相平行且孔距有精度要求的一系列孔。生产中,保证平行孔系孔距精度的方法主要有找正法、镗模法和坐标法三种。

1)找正法

找正法是指在通用机床(铣床、镗床)上利用辅助工具找到要加工孔正确位置的加工方法。这种方法具有较低的加工效率,一般只适用于单件小批生产。根据找正方法的不同,找正法又可分为以下几种。

(1) 划线找正法。加工前按图样要求,在毛坯上划出各孔加工位置线,然后按划线一一找正。这种方法的划线和找正时间较长,生产率低,加工出来的孔距精度也低,一般在 ± 0.05 mm 左右。为提高划线找正精度,往往要结合试切法进行,即先按划线找正并镗出一个孔,

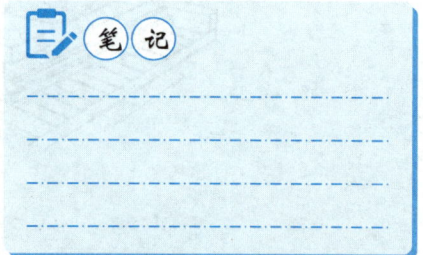

找正法

再按划线将主轴调至第二个孔的中心,试镗出一个比图样小的孔。若不符合图样要求,则根据测量结果重新调整主轴的位置,再进行试镗、测量、调整,如此反复几次,直至达到图样要求的孔距尺寸要求。这种方法虽比单纯的划线找正所得到的孔距精度高,但孔距精度仍然较低,且操作的难度较大。

（2）心轴和量块找正法。镗第一个孔时将心轴插入镗床主轴中,然后根据孔和定位基准的距离组合一定尺寸的量块来校正主轴位置,校正时用塞尺测定量块与心轴的间隙,以免量块与心轴直接接触而发生损伤,如图 4-12（a）所示。镗第二个孔时,分别在镗床主轴和已加工孔中插入心轴,采用同样的方法来校正主轴位置,以保证孔距精度,如图 4-12（b）所示。这种方法获得的孔距精度可达 ±0.3 mm。

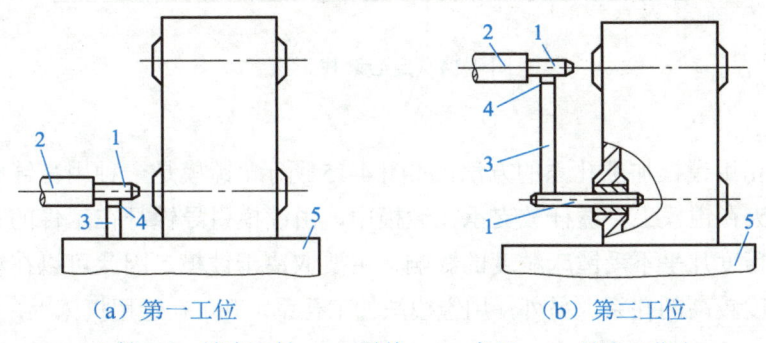

（a）第一工位　　　　　　　　　（b）第二工位

1—心轴；2—镗床主轴；3—量块；4—塞尺；5—镗床工作台。

图 4-12　心轴和量块找正法

（3）样板找正法。利用精度很高的样板确定孔的加工位置,如图 4-13 所示。用 10~20 mm 厚的钢板制成样板,并将其装在垂直于各孔的端面上（或固定于机床工作台上）。样板上孔距精度比箱体类零件上孔系的孔距精度高。样板上的孔径比工件上的孔径大,以使镗杆能顺利通过。将样板准确地安装到工件上后,再在机床主轴上装一个百分表,按样板找正机床主轴,找正结束后就换上镗刀加工。这种方法具有孔距精度高、成本低的优点,适用于单件小批生产的大型箱体类零件。

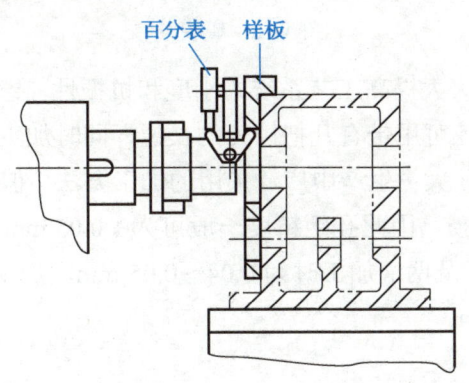

图 4-13　样板找正法

（4）定心套找正法。先划线并加工好螺钉孔，然后装上形状精度高且光洁的定心套，如图4-14所示。定心套与螺钉间有较大调整间隙，按图样要求的孔距尺寸公差的1/5～1/3调整全部定心套的位置，并拧紧螺钉。复查后即可装上机床，按定心套找正镗床主轴位置，卸下定心套，镗出一孔。每加工一个孔就找正一次，直至孔系加工完毕。这种方法具有工艺装备简单、可重复使用的优点，特别适用于单件生产的大型箱体类零件。

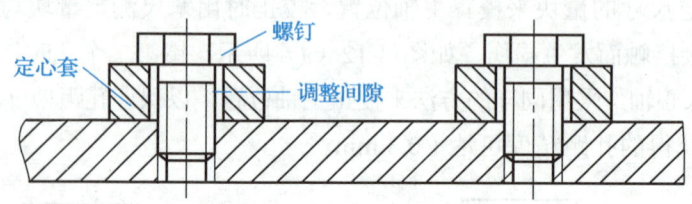

图4-14　定心套找正法

2）镗模法

镗模法是指用镗模加工孔系的方法，如图4-15所示。镗模是一种用在镗床上的精密夹具。工件被装夹在镗模上，镗杆被支承在镗模中，由镗模引导镗杆在工件的正确位置上镗孔。孔系加工精度几乎不受镗床精度的影响，主要取决于镗模，因此可以在精度较低的镗床上加工出精度较高的孔系。另外，用镗模法加工孔系，既可在通用机床上，也可在专用机床或组合机床上。

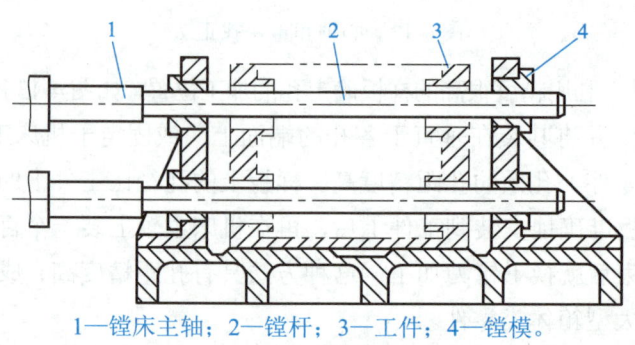

1—镗床主轴；2—镗杆；3—工件；4—镗模。

图4-15　镗模法

用镗模法加工孔系可大大提高工艺系统的刚度和抗振性。镗模定位夹紧迅速，可节省调整、找正的辅助时间，还可用带有几把镗刀的长镗杆同时加工几个孔。因此，镗模法具有较高的生产率，是成批、大量生产中广泛采用的加工方法。但由于镗模自身存在制造误差，与镗杆存在间隙与磨损，因此孔距精度一般可为±0.05 mm。同轴度和平行度从一端加工时为0.02～0.03 mm，从两端加工时为0.04～0.05 mm。加工孔的公差等级为IT7，表面粗糙度 Ra 为 5～1.25 μm。

3）坐标法

坐标法是指在坐标镗床上加工孔系的方法。镗孔时，先将被加工孔系间的孔距尺寸换算为两个相互垂直的坐标尺寸,并按此坐标尺寸在坐标镗床上借助测量装置,调整坐标镗床主轴与工件在水平和垂直方向的相对位置,来保证孔距精度。孔距精度取决于坐标的移动精度。坐标法不需要专用夹具,具有良好的通用性,适用于各种孔系加工。

> **经验传承**
>
> 在箱体类零件的图样上,因为孔与孔之间有齿轮啮合关系,对孔距尺寸有严格的公差要求,所以采用坐标法镗孔之前,必须借助三角几何关系及工艺尺寸链,把各孔距尺寸及公差换算成以主轴孔中心为原点的、相互垂直的坐标尺寸及公差,具体计算方法可查阅有关参考资料。目前,许多工厂编制了主轴箱传动轴坐标计算程序,用计算机很快即可完成计算工作。

2. 同轴孔系的加工

同轴孔系的加工方法对箱体加工质量的影响

同轴孔系是指同一轴线上一系列有同轴度要求的孔。成批生产中,箱体类零件上同轴孔系的同轴度几乎都由镗模来保证;单件小批生产中,其同轴度常采用下列方法来保证。

1)利用已加工孔作支承导向

加工好箱体类零件前壁上的孔以后,在孔内装一导向套,用导向套支承和引导镗杆加工后壁上的孔,这样就能保证两孔的同轴度要求,如图4-16所示。这种方法适用于加工箱壁较近的同轴孔。

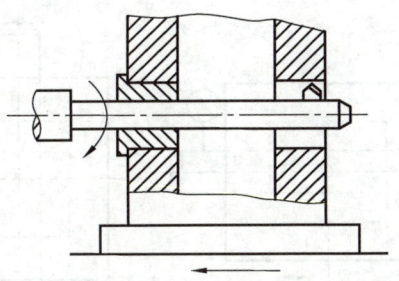

图4-16 利用已加工孔作支承导向

2)利用镗床后立柱上的导向套支承镗杆

利用镗床后立柱上的导向套支承镗杆,镗杆是两端支承,刚度好,但此法调整麻烦,且需要较长的镗杆,故只适用于大型箱体类零件同轴孔系的加工。

3)采用调头镗

当箱体类零件箱壁相距较远时,同轴孔系的加工可采用调头镗,如图4-17所示。镗孔前,若箱体类零件上有一与所镗孔轴线有平行度要求的较长平面,则应先用装在镗杆上的百分表对该平面进行校正,使其与镗杆轴线平行,校正后加工孔A,如图4-17(a)所示。

然后再使工作台回转180°，并用百分表重新校正，最后再加工孔 B，这样就能保证孔 A、B 同轴，如图 4-17（b）所示。采用调头镗的前提是确保工作台能精确地回转 180°，否则两端所镗出孔的轴线不平行；同时还要保证镗杆与已加工孔的轴线位置重合，这样才能达到两端孔轴线的同轴度要求。

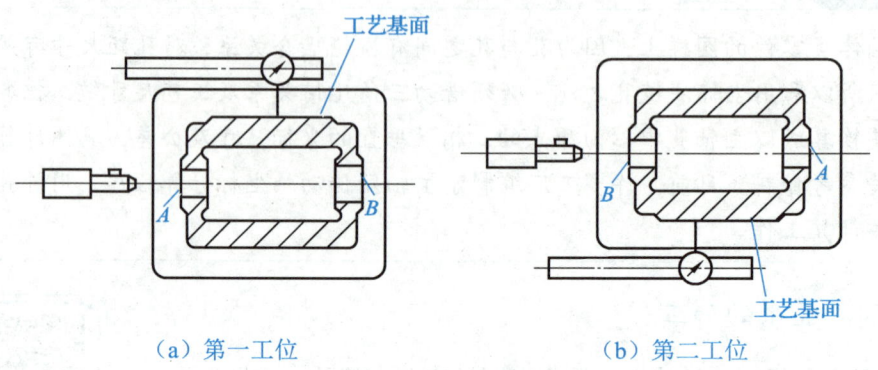

（a）第一工位　　　　　　　　　（b）第二工位

图 4-17　采用调头镗

3. 交叉孔系的加工

交叉孔系 是指一系列轴线相互垂直或呈一定角度的孔。在普通镗床上要完成交叉孔系的加工，主要还是依靠工作台 90°对准装置（即挡块）来保证孔的垂直度要求。由于结构简单，定位精度低，因此实际中常用找正法加工交叉孔系，即在加工好的孔中插入心轴，使工作台回转 90°，摇动工作台，用百分表找正，如图 4-18 所示。

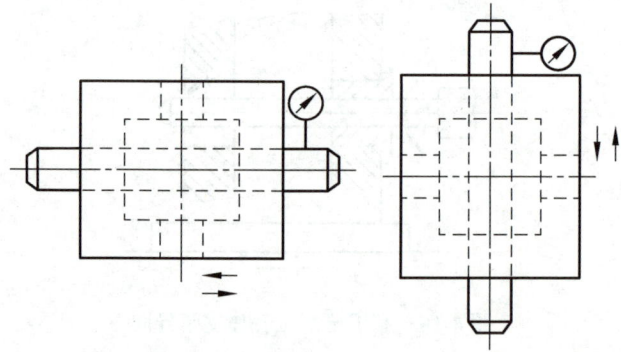

图 4-18　用找正法加工交叉孔系

项目4 箱体类零件机械加工工艺规程

4.3 箱体类零件常用的机床设备和刀具

加工箱体类零件常用的机床设备有刨床、铣床和镗床等;常用的刀具有刨刀、铣刀和镗刀等。

4.3.1 刨床

刨床是指主要用刨刀加工各种平面和沟槽的机床。其主运动是工件或刨刀的直线往复运动,进给运动是工件或刨刀沿垂直于主运动方向所做的间歇运动。刨床主要有牛头刨床、龙门刨床和立式刨床(也称插床)三类。

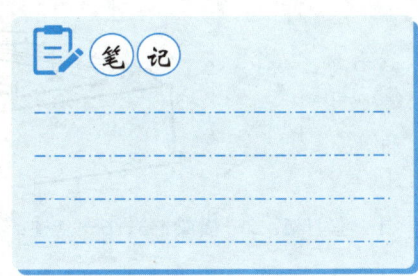

1. 牛头刨床

牛头刨床(见图4-19)主要由刀架、刀架座、滑枕、床身、横梁和工作台组成。它主要用于加工小型零件。用牛头刨床加工时,刨刀装在刀架上,滑枕带动刨刀做直线往复运动(主运动),工作台带动工件沿横梁做横向间歇运动(进给运动)。

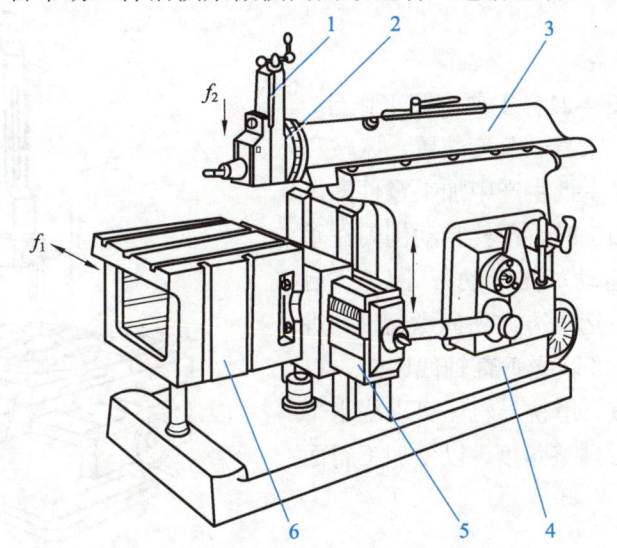

1—刀架;2—刀架座;3—滑枕;4—床身;5—横梁;6—工作台。

图4-19 牛头刨床

刀架可以沿刀架座导轨上下移动,以调整刨削深度,也可以在加工垂直平面和斜面时做进给运动。横梁可沿床身的垂直导轨上下移动,以调整工件与刨刀之间的相对位置。

2. 龙门刨床

龙门刨床(见图4-20)主要由刀架、横梁、立柱、顶梁、工作台和床身组成。它既可

143

以加工大型或重型零件，也可以在工作台上同时装夹数个中小型零件进行加工。

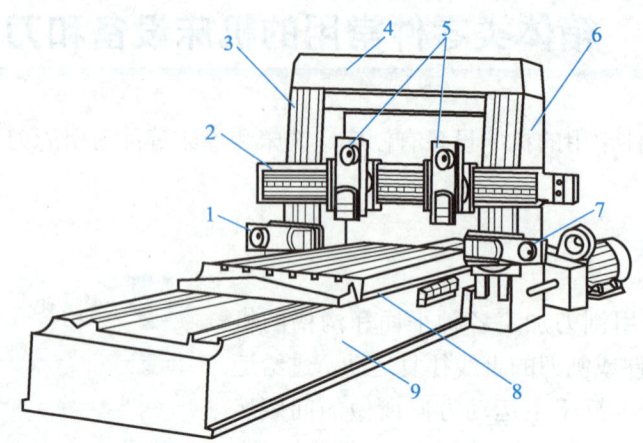

1—左刀架；2—横梁；3、6—立柱；4—顶梁；5—垂直刀架；7—右刀架；8—工作台；9—床身。

图 4-20　龙门刨床

用龙门刨床加工时，工作台沿床身的水平导轨做直线往复运动（主运动）。横梁上所装的两个垂直刀架，可在横梁导轨上沿水平方向做间歇运动（进给运动）。横梁可以沿立柱导轨上下移动，以调整刨刀与工件的相对位置。立柱上的左右刀架可以沿立柱导轨做垂直进给运动，以加工垂直面。

3．立式刨床

立式刨床（见图 4-21）主要由圆工作台、滑枕、滑枕导轨座、床身、分度装置、床鞍和溜板组成，用于单件小批生产中加工零件的内表面。用立式刨床加工时，滑枕带动刨刀在垂直方向做直线往复运动（主运动），圆工作台带动工件沿垂直于主运动方向做间歇运动（进给运动）。圆工作台可以绕垂直轴线回转，以实现圆周进给和分度。滑枕导轨座可以绕水平轴线在小范围内前后调整角度，以便加工斜面和沟槽。

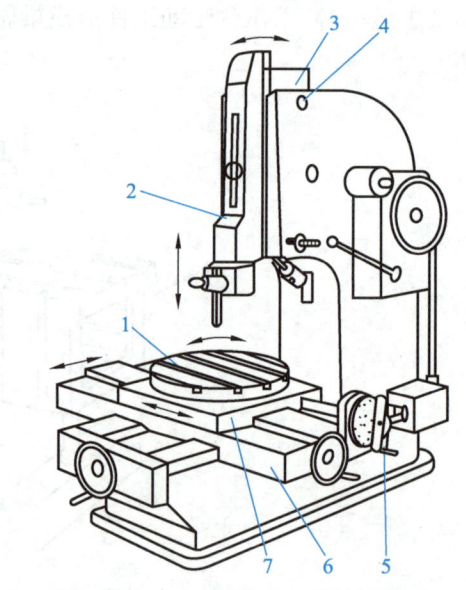

1—圆工作台；2—滑枕；3—滑枕导轨座；4—床身；5—分度装置；6—床鞍；7—溜板。

图 4-21　立式刨床

4.3.2　铣床

1．铣床概述

铣床是指主要用铣刀加工工件各表面的机床。它除了可以铣削平面、沟槽、齿轮、螺纹和花键轴外，还能加工比较复杂的表面。铣床具有较高的生产率，广泛应用于机械制造和修理中。

铣床的类型很多，一般根据结构布局特点划分，主要有升降台铣床、床身铣床和龙门铣床等，如图 4-22 所示。其中，升降台铣床又分为立式铣床、卧室铣床和万能铣床。XA6132 型万能升降台铣床是目前最为常用的铣床，其结构合理，刚度好，变速范围大，操作比较方便，下面以该铣床为例进行介绍。

（a）升降台铣床

（b）床身铣床

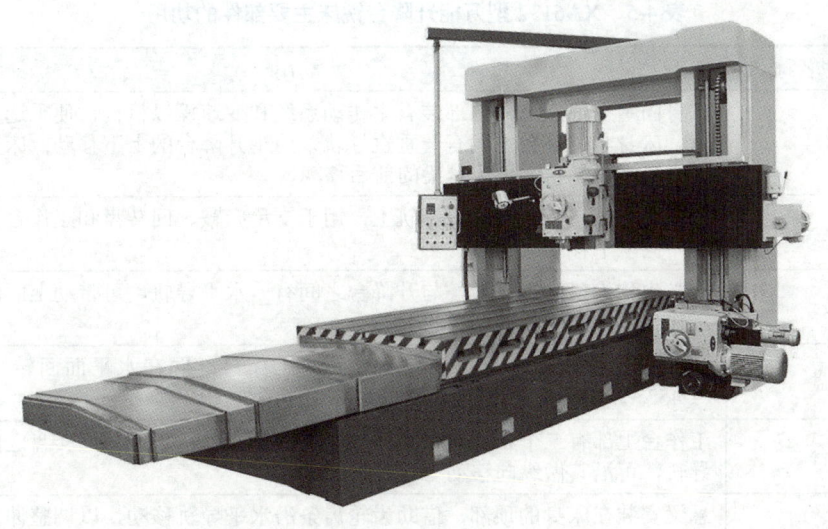
（c）龙门铣床

图 4-22　铣床

2. XA6132 型万能升降台铣床

XA6132 型万能升降台铣床主要由床身、悬梁、主轴、工作台、回转盘、床鞍和升降台组成，如图 4-23 所示。其中，主轴水平安置，工作台可以做纵向、横向和垂直运动，并可在水平平面内调整一定的角度。该铣床主要部件的功用如表 4-5 所示。

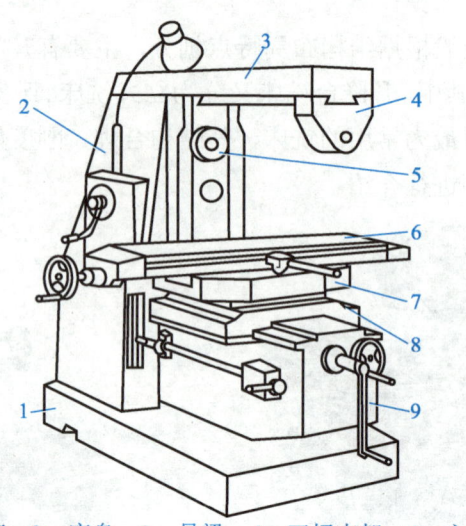

1—底座；2—床身；3—悬梁；4—刀杆支架；5—主轴；
6—工作台；7—回转盘；8—床鞍；9—升降台。

图 4-23　XA6132 型万能升降台铣床

表 4-5　XA6132 型万能升降台铣床主要部件的功用

主要部件名称	功用
床身	床身固定在底座上，内部装有主传动系统和变速操纵机构，便于选用不同的转速。床身与升降台之间有一垂直导轨，用于升降台的上下移动；床身与悬梁之间有一水平导轨，用于悬梁的前后移动
升降台	升降台安装在床身的垂直导轨上，用于支承床鞍、回转盘和工作台，并带动它们一同上下移动
床鞍	床鞍也称为横向工作台，与升降台之间有一水平导轨，可带动上面的回转盘和工作台一同横向移动
回转盘	回转盘位于床鞍之上，可带动上面的工作台一同在水平面回转一定的角度（-45°～+45°），以实现对斜槽和螺旋槽的加工
工作台	工作台上部有三个 T 形槽，用于安装夹具和工件；下部与回转盘之间有一水平导轨，可沿其做纵向移动
悬梁	悬梁安装在床身的顶部，借助齿轮齿条沿水平导轨移动，以调整伸出长度。悬梁下部安装有刀杆支架，与主轴端部共同支承刀柄
主轴	主轴是一空心轴，其前端为 7∶24 的精密定心锥孔，用于安装刀柄，并通过两个矩形端面键向刀柄传递转矩

4.3.3　镗床

镗床是指主要用镗刀加工工件的机床。它通常用于加工尺寸较大、精度要求较高的孔，特别是分布在不同表面上、孔距和位置精度要求较高的孔，如汽车发动机气缸体上的孔。用镗床加工时，一般镗刀的旋转运动为主运动，镗刀或工件的移动为进给运动。镗床除可以镗孔外，还可以进行铣削、钻孔、扩孔、铰孔和锪平面等。镗床主要有卧式镗床、坐标镗床等。

1. 卧式镗床

卧式镗床主要由主轴箱、主轴、立柱、平旋盘和床身组成，如图 4-24 所示。主轴箱可沿前立柱的导轨上下移动，主轴箱中装有主轴、平旋盘等。其中，主轴旋转可实现主运动，沿轴向移动可实现进给运动；平旋盘只能做旋转主运动。

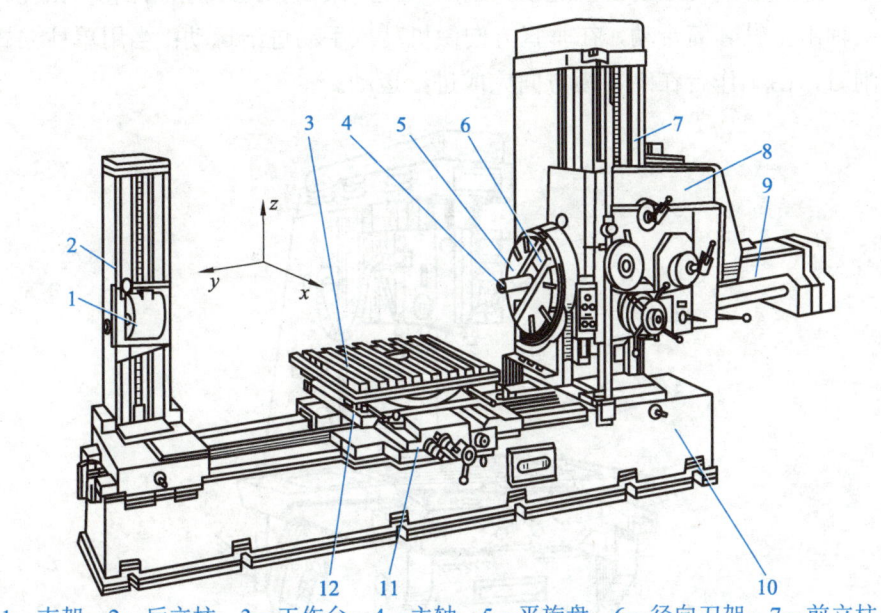

1—支架；2—后立柱；3—工作台；4—主轴；5—平旋盘；6—径向刀架；7—前立柱；
8—主轴箱；9—后尾筒；10—床身；11—下滑座；12—上滑座。

图 4-24 卧式镗床

在卧式镗床上，镗刀安装在主轴前端的锥孔中或平旋盘的径向刀架上，工件安装在工作台上。用卧式镗床加工时，工件可与工作台一起随下滑座或上滑座做纵向或横向移动，工作台还可在上滑座的圆导轨上绕垂直轴线转位，以便加工相互之间呈一定角度的平面或孔。安装在后立柱上的支架用于支承悬伸较长的镗杆，以增加刚度。后立柱可沿床身导轨做纵向移动，以适应不同长度主轴的悬伸。

卧式镗床因加工范围广泛而得到普遍使用，尤其适用于加工复杂的大型箱体类零件和精度要求高的孔。卧式镗床可以镗孔、车端面、铣平面、车螺纹和钻孔等，且可在一次装夹中完成大量加工工序。

2. 坐标镗床

坐标镗床是一种高精度机床，其主要特点是能够测量坐标位置，实现工件和镗刀的精确定位。坐标镗床主要用于镗削精密孔和位置精度要求很高的孔，也可以用于钻孔、扩孔、铰孔等，还可以用于样板划线、孔距及直线尺寸的测量等。

坐标镗床有立式和卧式之分。其中，立式坐标镗床适用于加工轴线与安装基面之间互相垂直的孔系、铣削顶面；卧式坐标镗床适用于加工轴线与安装基面之间互相平行的孔系、铣削侧面。立式坐标镗床还有单柱和双柱之分。下面以单柱立式坐标镗床为例进行介绍。

单柱立式坐标镗床主要由底座、滑座、工作台、立柱和主轴箱组成，如图4-25所示。主轴箱可沿立柱的垂直导轨上下移动，以便加工不同高度的工件。主轴由精密轴承支承在主轴套筒中，主轴的旋转运动是主运动。当用单柱立式坐标镗床进行镗孔、钻孔、扩孔及铰孔时，主轴由主轴套筒带动，在垂直方向做机动或手动进给运动；当用单柱立式坐标镗床进行铣削时，由工作台在纵、横方向完成进给运动。

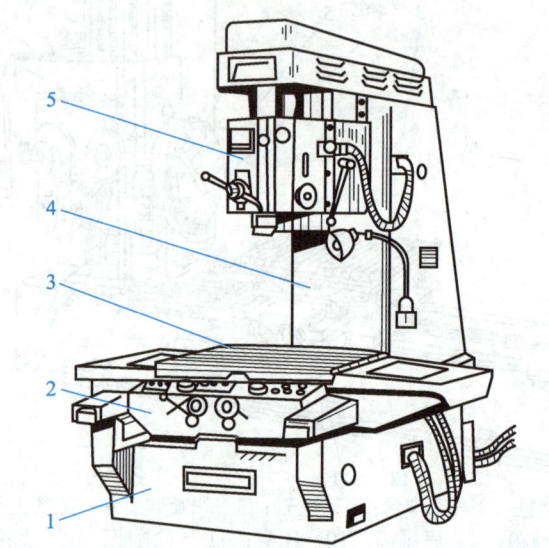

1—底座；2—滑座；3—工作台；4—立柱；5—主轴箱。

图4-25　单柱立式坐标镗床

4.3.4　刨刀

刨刀主要用于加工平面。常见的刨刀有平面刨刀、偏刀、角度偏刀、切刀及弯切刀等，如图4-26所示。刨刀刀头的材料主要根据工件材料确定。通常情况下，加工铸铁件时选用硬质合金，加工钢件时选用高速钢。刨刀的形状应视工件的表面状况及加工步骤而定。通常情况下，粗刨或加工淬硬工件时，采用刀尖为尖头的弯头刨刀；精刨时，可采用圆头刨刀或平头刨刀。

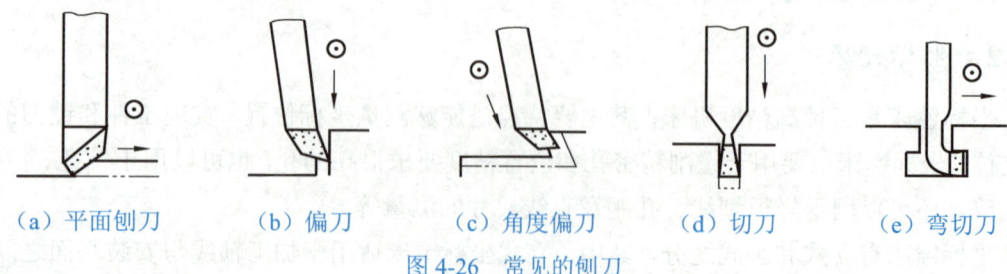

图4-26　常见的刨刀

4.3.5 铣刀

铣刀主要用于加工平面、台阶、沟槽、成形表面和切断工件等。铣刀为多齿回转刀具，每一个刀齿都相当于一把车刀固定在铣刀的回转面上，各刀齿工作时依次间歇地切去工件加工余量，刀齿的几何角度和切削过程与车刀或刨刀基本相同。按用途和结构不同，铣刀可分为圆柱铣刀、面铣刀、立铣刀、模数铣刀、三面刃铣刀、角度铣刀、锯片铣刀、T形铣刀、凸半圆铣刀、凹半圆铣刀等。其中，模数铣刀又分为盘形模数铣刀和指形模数铣刀。

> **知识角**
>
> 立铣刀常用的材料有高速钢和硬质合金两种。相较于高速钢，硬质合金的硬度高、切削力强，可提高转速和进给量，提高生产率。硬质合金立铣刀可加工不锈钢、钛合金等难加工材料，但是成本高，且在切削力快速变化的情况下容易出现损坏的情况。

4.3.6 镗刀

镗刀是具有一个或两个切削部分，专门用于对已有孔进行粗加工、半精加工或精加工的刀具。镗刀可在镗床、车床或铣床上使用。因装夹方式的不同，镗刀柄部有方柄、莫氏锥柄和 7∶24 锥柄等多种形式。按切削刃数量不同，镗刀可分为单刃镗刀和双刃镗刀。

1. 单刃镗刀

单刃镗刀可以校正原有孔轴线的偏斜或位置误差，是结构最简单的刀具之一。常用的单刃镗刀有通孔镗刀、阶梯孔镗刀和盲孔镗刀，如图 4-27 所示。单刃镗刀刀头结构与车刀类似，因为刚度差，切削时易引起振动，所以其主偏角通常较大，以减小径向力。

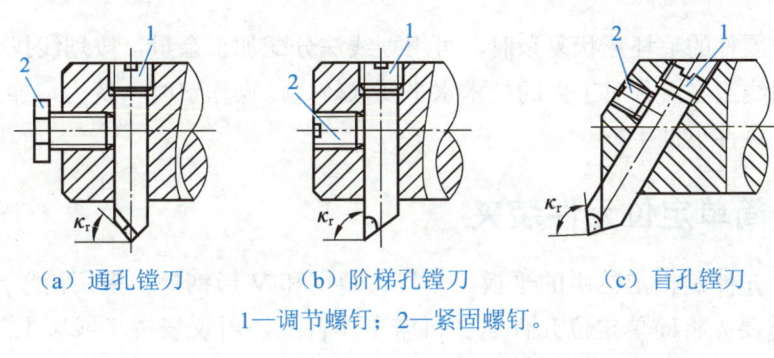

(a) 通孔镗刀　　(b) 阶梯孔镗刀　　(c) 盲孔镗刀
1—调节螺钉；2—紧固螺钉。

图 4-27　单刃镗刀

单刃镗刀既可用于孔的粗加工，也可用于半精加工或精加工。单刃镗刀由于刚度较小，必须采用较小的切削用量，因此生产率较低，适用于单件小批生产。

2. 双刃镗刀

常用的双刃镗刀有固定式镗刀和浮动式镗刀,如图 4-28 所示。双刃镗刀有两个分布在镗杆轴线两侧的切削刃,由于切削时产生的径向力互相平衡,加大了切削用量,因此生产率较高,适用于成批生产。

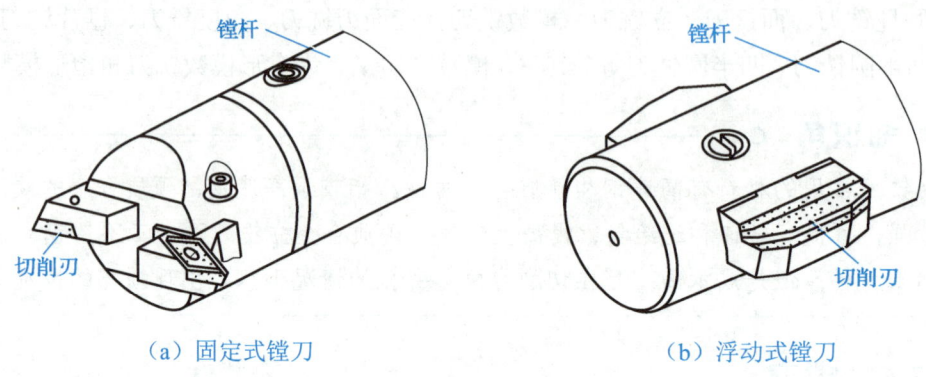

(a) 固定式镗刀　　　　　　　　　　(b) 浮动式镗刀

图 4-28　双刃镗刀

4.4 箱体类零件的装夹

按照定位方式的不同,箱体类零件的装夹方法可分为划线找正装夹、简单定位元件装夹、划线与简单定位元件配合使用装夹和夹具装夹四种。

4.4.1 划线找正装夹

当箱体类零件的毛坯形状复杂时,可用划线法分配加工余量,按划线找正装夹。这种方法增加了划线工序,且对工人的技术水平要求较高,操作费时、费力,加工误差较大,故其只适用于单件小批生产。

4.4.2 简单定位元件装夹

简单定位元件是指定位用的平板、平尺、角钢和 V 形钢等。采用简单定位元件装夹时,在工作前要先将简单定位元件装在机床工作台上,用仪表校正或装上工件试刀,再调整简单定位元件的位置并紧固,然后工件只需要用这些元件将工件定位并夹紧就可以加工了。

这种方法简单、方便且成本低,一套定位元件可用于多种箱体类零件的定位,但定位的可靠性较差,工件的装卸比较费时,故其只适用于单件小批生产。

4.4.3 划线与简单定位元件配合使用装夹

划线与简单定位元件配合使用装夹通常是以一个已加工表面作为主要定位基准，将工件安放在简单定位元件上，再用装在机床主轴或机头上的划针划线，按划线找正工件其余方向的位置，然后夹紧。这种方法虽然结合了以上两种方法，但操作仍比较费时，加工误差较大，故只适用于单件小批生产。

4.4.4 夹具装夹

用夹具装夹时，工件定位可靠，装卸迅速、方便，但箱体类零件的夹具一般较为复杂、庞大，制造成本较高且周期较长，因此这种方法只适用于成批、大量生产和加工精度要求较高箱体类零件的加工。

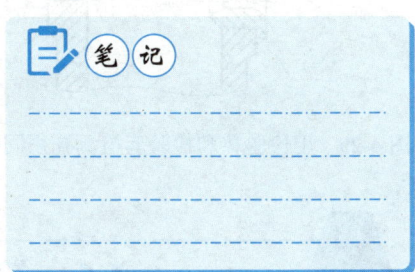

4.5 箱体类零件的检测

在箱体类零件完成一定的工序后，应当对其加工表面的表面粗糙度及外观、孔的尺寸精度、孔和平面的几何精度等进行检测。

4.5.1 加工表面的表面粗糙度及外观检测

通常用目测法或样板比较法检测表面粗糙度 Ra 及外观。只有当 Ra 很小时，才考虑用光学测量仪或表面粗糙度测量仪检测。

4.5.2 孔的尺寸精度检测

一般用塞规检测孔的尺寸精度。当需要确定误差值或单件小批生产时，可用内径千分尺或内径百分表检测。当精度要求很高时，可用气动量仪检测。

4.5.3 孔和平面的几何精度检测

（1）圆度误差和圆柱度误差常用内径千分尺、内径百分表检测。
（2）平面度误差常用涂色法或平尺和塞尺检测。当精度要求较高时，可用仪器检测。
（3）孔轴线之间的平行度误差及孔轴线与端面之间的垂直度误差，可用检验棒、千分尺、百分表、直角尺及平台等相互组合检测。
（4）孔系同轴度可用检验棒和检验套检测，如图 4-29 所示。如果检验棒能自由伸入同轴的孔内,则表明误差在允许范围内。如果需要确定误差值,则用检验棒和百分表检测,如图 4-30 所示。

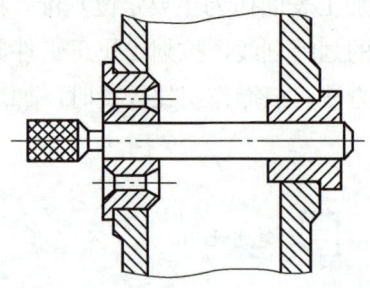

图 4-29　用检验棒和检验套检测孔系同轴度

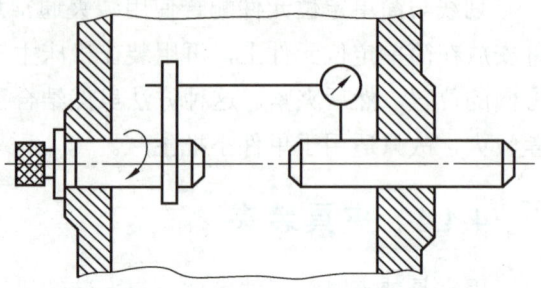

图 4-30　用检验棒和百分表检测孔系同轴度误差

4.6　箱体类零件的工艺分析

下面以图 4-3 所示某车床主轴箱为例,对其进行工艺分析。已知车床主轴箱的毛坯为灰铸铁铸件,生产类型为大批生产。

(1) 车床主轴箱主要加工导轨面 B、C,以及孔Ⅰ、Ⅱ、Ⅲ、Ⅳ、ϕ120K6、ϕ90K6、ϕ62J7、ϕ40J7 等,加工精度要求较高,主要技术要求如下。

① 孔Ⅰ对孔 ϕ120K6 的圆跳动为 0.02 mm。② 孔 ϕ90K6 对孔 ϕ120K6 的圆跳动为 0.01 mm。③ 孔 ϕ120K6 端面对其轴线的垂直度为 0.01 mm。④ 孔 ϕ120K6 的圆度为 0.05 mm。⑤ 孔Ⅱ和孔Ⅲ轴线对孔Ⅰ和 ϕ120K6 轴线的平行度为 0.01 mm。⑥ 孔 ϕ62J7 对孔Ⅱ的圆跳动为 0.03 mm。⑦ 孔 ϕ40J7 对孔Ⅲ的圆跳动为 0.02 mm。⑧ 孔Ⅳ轴线对孔Ⅰ和 ϕ120K6 轴线的平行度为 0.02 mm。

(2) 由于车床主轴箱的生产类型为大批生产,因此对其精加工时采用一面两孔(顶面和两工艺孔)定位,粗加工时采用两孔(孔Ⅰ和孔Ⅱ)定位,夹具装夹。

(3) 根据导轨面 B、C 的表面粗糙度(B 导轨面 Ra 0.8 μm,C 导轨面 Ra 3.2 μm)要求,可选择半精磨作为最终加工方法。由于车床主轴箱的生产类型为大批生产,因此车床主轴箱平面可选择生产率较高的铣削来加工。

箱体壁厚不均匀对加工精度的影响

根据主轴孔Ⅰ的加工精度(K6)和表面粗糙度 Ra(0.8 μm)要求,可选择精镗作为最终加工方法。由于主轴孔Ⅰ为已铸出的孔,因此可直接进行粗镗。对于未铸出的孔(如 6×M10 孔),可采用"钻—扩—铰"的方案。

项目 4　箱体类零件机械加工工艺规程

（4）车床主轴箱加工可划分为粗加工、半精加工和精加工三个阶段。其中，粗加工阶段包括铣顶面，钻、扩、铰工艺孔；半精加工阶段包括铣端面、铣导轨面、磨顶面和粗镗各纵向孔；精加工阶段包括精镗各纵向孔和主轴孔、加工横向孔和次要孔、磨导轨面和攻螺纹。

（5）加工车床主轴箱时，应遵循先面后孔的原则，即先加工平面、后加工孔。由于车床主轴箱的结构复杂，壁厚不均匀，铸造残余应力大，因此铸造毛坯后要安排人工时效处理，以消除残余应力、减小变形、保证加工精度。车床主轴箱的机械加工工艺过程如表 4-6 所示。

表 4-6　车床主轴箱的机械加工工艺过程

工序号	工序名称	工序内容	定位基准	加工设备
1	下料	—	—	—
2	铸	铸造毛坯	—	—
3	热处理	人工时效处理	—	—
4	涂装	涂底漆	—	—
5	铣	铣顶面 A	孔Ⅰ、孔Ⅱ	立式铣床
6	孔加工	在 6×M10 中 2 个孔的位置上钻、扩、铰 2×ϕ8H7 工艺孔，在其余 4 个孔的位置上先钻至 ϕ7.8 mm	顶面 A 及外形	加工中心
7	铣	铣两端面 E、F 及前面 D；铣导轨面 B、C	顶面 A 及两工艺孔	龙门铣床
8	磨	磨顶面 A	导轨面 B、C	磨床
9	粗镗	粗镗各纵向孔	顶面 A 及两工艺孔	镗床
10	精镗	精镗各纵向孔和主轴孔Ⅰ		
11	孔加工	加工横向孔及各表面上的次要孔	顶面 A 及两工艺孔	加工中心
12	磨	磨导轨面 B、C 及前面 D		磨床
13	孔加工	将孔 2×ϕ8H7 及孔 4×ϕ7.8 mm 均扩至 ϕ8.5 mm，攻螺纹孔 6×M10	—	加工中心
14	钳	清洗、去毛刺、倒角	—	—
15	检验	综合检查	—	—

4.7 工作实践中常见问题分析

箱体类零件加工中常见问题、产生原因及预防对策如表 4-7 所示。

表 4-7 箱体类零件加工中常见问题、产生原因及预防对策

常见问题	产生原因	预防对策
圆度误差	工作台进给方向与主轴的轴心线不平行	维修和调整机床
	镗杆与导向套出现形状误差及过大的配合间隙	使镗杆与导向套的形状符合技术要求并调整配合间隙
	加工余量与材质不均匀	适当增加走刀次数,合理安排热处理工序,精加工时采用浮动镗刀
	切削极薄的部位时多次重复走刀	适当控制走刀次数及切削深度,采用浮动镗刀
	夹紧变形	正确选择夹紧力、夹紧方向和夹紧部位
	存在铸造内应力	进行人工时效处理
	热变形	粗、精加工间隔一段时间,使工件充分冷却
圆柱度误差	镗杆挠曲变形	采用工作台进给,增加镗杆刚度,合理选择刀具角度,减小切削用量
	用工作台送进时导轨出现直线度误差	维修和调整机床
	刀具磨损	采取提高刀具耐用度的措施,合理选择刀具角度
	刀具热变形	使用冷却液,减少切削用量,合理选择刀具角度
同轴度误差	镗杆挠曲变形	减少镗杆的悬伸长度,采用工作台进给、调头镗,增加镗杆刚度,采用导向套或后立柱支承
	机床导轨出现平面度和直线度误差	维修和调整机床
	加工余量不均匀,切削用量不均衡	使各孔的加工余量均匀,适当降低切削用量,增加镗杆刚度,增加走刀次数
	工作台与床身导轨的配合间隙过大	调整床身导轨与工作台的配合间隙,镗同轴孔系时采用同一送进方向
平行度误差	镗杆挠曲变形	增加镗杆刚度,采用工作台进给
	工作台与床身导轨出现平行度误差	维修和调整机床

项目 4 箱体类零件机械加工工艺规程

> **铸魂逐梦**
>
> ## "一孔"之中成就"正直"人生
>
> 全国劳模、内蒙古北方重工业集团有限责任公司深孔镗工戎鹏强,几十年来专注火炮炮管深孔加工,用匠心打磨优质产品。
>
> 为了练就以手为眼的绝活,戎鹏强每年要用坏上千把刀具。通过几十年如一日的摸索实践,他总结了"摸、听、看、量"四字诀:"摸"是摸刀杆,通过摸刀杆判断刀杆在行走时的状态;"听"是听机床发出的声音和硫化油流动的声音,判断机床运转是否正常;"看"是看切屑形状和电流表读数;"量"是测量刀杆每分钟行走的距离和内孔尺寸。
>
> 2012 年,一个航天发射试验装置关键部件的加工订单,在全国"转"了几圈,无人敢接——在长 8 m 的钢质圆棒料上打一个孔径 28 mm 的通孔。通孔只有成人大拇指粗细,而加工深度却有 3 层楼高。孔深与孔径之比(简称长径比)大于 100 倍的圆柱孔被称为"超长径比深孔",而该关键部件通孔的长径比达到了惊人的 300 倍,在国内没有厂家能够加工。为了打破国际垄断,戎鹏强接下了这个订单。由于孔径小、刀杆细长,因此加工过程中很容易造成刀头振动、烧刀或者崩刃,同时走刀过程中要反复测量内孔的尺寸,有丝毫异常就要退刀并从头再来。有时他干一天活儿,只能走刀 60~70 mm。不服输的戎鹏强没有放弃,他以"蚂蚁啃骨头"的精神,一毫米一毫米地向前推进。一年半后,戎鹏强成为国内掌握超长径比深孔加工绝技的第一人。
>
> 多年以来,戎鹏强承担了各种口径系列产品的深孔加工生产和科研任务,他加工的深孔总深度达到 20 多万米。"深孔加工,讲究的是'正'和'直'。这么多年以来,这两个字一直是我追求的。深孔和人生一样,不能走偏。"戎鹏强说。
>
> (资料来源:李玉波,《"一孔"之中成就"正直"人生》,中工网,2021 年 9 月 27 日)

项目实训——编制变速箱的机械加工工艺规程

1. 项目描述

全班学生以 3~5 人为一组进行分组,以组为单位编制如图 4-1 所示某车床变速箱的机械加工工艺规程。

2. 实训内容

1）分析零件结构工艺性

变速箱的外形尺寸为 360 mm×325 mm×108 mm，属于小型箱体类零件，内腔无加强筋，结构简单，孔多壁薄，刚度较差，其加工要求如下。

（1）三组平行孔。三组平行孔用来安装轴承，具有较高的尺寸精度（IT7）和几何精度（圆度误差 0.012 mm）要求，表面粗糙度 Ra 为 1.6 μm，孔距公差为 0.1 mm。

（2）端面 A。端面 A 是与其他相关部件连接的接合面，表面粗糙度 Ra 为 1.6 μm，端面 A 与三组平行孔的垂直度为 0.02 mm。

（3）装配基面 B。在变速箱两侧中段有两块外伸面积不大的装配基面 B。为保证齿轮的位置精度和传动精度，要求装配基面 B 与端面 A 之间的垂直度为 0.01 mm。装配基面 B 与 ϕ146 mm 孔之间的中心距为 124.1±0.05 mm，表面粗糙度 Ra 为 3.2 μm。

综上所述，变速箱的零件图正确、完整，尺寸及技术要求齐全，零件结构工艺性好。

2）选择毛坯

变速箱的材料为 ZL106，只能采用铸造毛坯。由于此零件为小批生产，且结构简单，因此选用木模手工造型的方法生产毛坯。所生产毛坯的精度较低，铸孔所留的加工余量较大且不均匀。

3）选择定位基准

（1）粗基准的选择。根据粗基准的选择原则，选择不加工的端面 C 和两个相距较远的毛坯孔作为粗基准，并通过划线找正，同时兼顾其他各表面的加工余量分布。

（2）精基准的选择。此零件为一小型箱体类零件，加工表面较多且相互之间有较高的几何精度，故选择精基准时应首先考虑采用基准统一的定位方案。由零件结构工艺性分析可知，用装配基面 B 来定位符合基准重合原则。但是由于装配基面 B 很小，用它作为主要定位基准装夹不稳定，因此改用面积较大、精度要求也较高的端面 A（主要定位基准）来限制三个自由度，用装配基面 B 限制两个自由度，用加工过的 ϕ146 mm 孔限制一个自由度，实现工件完全定位，同时保证孔的加工余量均匀。

4）拟订机械加工工艺路线

变速箱加工可划分为粗加工、半精加工和精加工三个阶段。在粗加工和半精加工阶段，平面和孔可交替反复加工，以逐步提高精度。孔的位置精度要求较高，变速箱上的三组平行孔应安排在一道工序的一次装夹中加工出来。考虑到位置精度要求，其他平面的加工工序也应当适度集中。变速箱的机械加工工艺路线如下。

（1）平面加工工艺路线：粗铣—精铣。

（2）孔加工工艺路线：粗镗—半精镗—精镗。

（3）由于装配基面 B 与端面 A 之间有较高的垂直度要求，采用铣削不易保证，因此在铣削后还应增加一道精加工工序。考虑到此表面面积较小，在小批生产条件下可采用刮削的精加工方法。

5）设计工序内容

（1）确定加工余量及工序尺寸。依据切削加工手册确定加工余量及工序尺寸。

（2）选择机床设备及工艺装备。选用铣床、镗床、钻床、圆柱铣刀、立铣刀、镗刀及内径百分表等。为方便加工，装夹工件时可根据需要选用部分专用夹具。

（3）确定切削用量及工时定额。确定各工序切削用量和工时定额时，可采用查表法或经验法。采用查表法时，应注意结合所加工零件的具体情况以及企业的实际生产条件，对所查得的数值进行修订，使其更符合生产实际。

6）填写工艺文件

根据前述分析和说明，填写此变速箱的工艺过程卡，如表4-8所示。

表4-8 变速箱的工艺过程卡

某机械厂		机械加工工艺过程卡		产品型号	×××	零件图号		×××		
				产品名称	×××	零件名称		变速箱	共1页	第1页
材料牌号	ZL106	毛坯种类	铸件	毛坯外形尺寸	×××	每毛坯可制件数	1	每台件数	1	备注
工序号	工序名称	工序内容		车间	工段	设备	工艺装备		工时	
									准终	单件
1	铸	铸造								
2	划线	以ϕ146 mm、ϕ80 mm两孔为基准，适当兼顾轮廓，划出端面C、端面A和孔的轮廓线		金		钳工台				
3	粗铣	按划线找正，粗、精铣端面A及端面C		金		铣床	圆柱铣刀			
4	粗铣	以端面A为定位基准，按划线找正，粗铣装配基面B		金		铣床	立铣刀			
5	划线	划三组平行孔及R88 mm扇形缺圆窗口线		金		钳工台	通用角铁			
6	粗镗	以端面A、装配基面B为定位基准，按划线找正，粗镗三组平行孔及R88 mm扇形缺圆孔		金		镗床	通用角铁、镗刀、螺栓、压板			
7	精铣	精铣端面A及端面C，保证尺寸108 mm		金		铣床	圆柱铣刀			
8	精铣	以端面A为定位基准，精铣装配基面B，留刮研余量0.2 mm		金		铣床	立铣刀			
9	钻	钻装配基面B上的安装孔ϕ13 mm		金		钻床	钻模、钻头			

表 4-8（续）

工序号	工序名称	工序内容	车间	工段	设备	工艺装备	工时 准终	工时 单件
10	刮削	刮削装配基面 B，保证尺寸 20 mm、垂直度 0.01 mm，四边倒角	金			平板、刮刀、研具		
11	半精镗	半精镗三组平行孔及 R88 mm 扇形缺圆孔	金		镗床	镗模、镗刀		
12	涂装	内部涂黄漆	金					
13	精镗	精镗三组平行孔孔，使其达到图样要求	金		镗床	镗模、镗刀、内径百分表等		
14	检验	综合检查						
设计（日期）			校对（日期）			审核（日期）		

项目考核

1. 填空题

（1）箱体类零件是机器或部件的重要_____，其功用是把有关零件连接成一个_____，使它们之间保持正确的_____位置，并按照一定的_____关系协调地工作。

（2）箱体类零件一般采用铸铁，其牌号可根据需要选用 HT200～HT400，其中最常用的是_____。

（3）刨削是指用刨刀对工件做水平_____的机械加工方法。

（4）根据砂轮工作面的不同，平面磨削可分为_____和_____两类。

2. 选择题

（1）一般机床主轴箱轴承孔的尺寸精度为（　　　），其余孔的尺寸精度为 IT6～IT7。
    A．IT6   B．IT6～IT7
    C．IT8   D．IT8～IT9

（2）对于金属切削机床的箱体类零件，由于形状较为复杂，一般选择铸铁件作为毛坯；对于一些简单箱体类零件，常采用（　　　）作为毛坯。
    A．铸铁件   B．铝合金压铸件
    C．铸钢件   D．钢板焊接件

（3）箱体类零件的加工主要是一些平面和（　　）的加工。

A．外圆　　　　　　　　　B．端面

C．孔系　　　　　　　　　D．基面

（4）（　　）通常用于加工尺寸较大、精度要求较高的孔，特别是分布在不同表面上、孔距和位置精度要求较高的孔。

A．磨床　　　　　　　　　B．镗床

C．铣床　　　　　　　　　D．刨床

3．判断题

（1）孔的形状精度除特殊规定外，一般控制在尺寸公差范围内即可。（　　）

（2）对于普通精度的箱体类零件，铸造之后应安排多次人工时效处理。（　　）

（3）当箱体类零件箱壁相距较远时，可采用调头镗加工同轴孔系。（　　）

（4）单刃镗刀适用于大批大量生产。（　　）

4．简答题

（1）简述 XA6132 型万能升降台铣床主要部件的功用。

（2）简述箱体类零件的装夹方式。

（3）简述箱体类零件的检测项目及检测方法。

项目评价

指导教师根据学生的实际学习成果对其进行评价，学生配合指导教师共同完成学习成果评价表，如表 4-9 所示。

表 4-9　学习成果评价表

姓名：　　　　　　　组号：　　　　　　　指导教师：

评价项目	评价内容	满分/分	评分/分		
			自评	互评	师评
知识（50%）	了解箱体类零件的功用、结构特点和技术要求	5			
	熟悉箱体类零件的材料、毛坯和热处理方法	10			
	掌握箱体类零件的加工方法	10			
	掌握箱体类零件常用的机床设备和刀具	10			
	掌握箱体类零件的装夹和检测方法	10			
	了解箱体类零件的工艺及工作实践中常见问题的分析方法	5			
技能（30%）	能够编制一般箱体类零件的机械加工工艺规程	30			
素养（20%）	积极参加教学活动，主动学习、思考、讨论	5			
	认真负责，按时完成学习任务	5			
	团结协作，与组员之间密切配合	5			
	服从指挥，遵守课堂纪律	5			
合计		100			
总评	自评（20%）＋互评（20%）＋师评（60%）＝		综合等级：		
自我评价					
指导教师评价					

项目 5　齿轮类零件机械加工工艺规程

项目引入

前不久，B 机械厂接到一笔双联齿轮的加工订单，于是安排工艺科编制相应的机械加工工艺规程。如果工艺科将该编制任务交给你，你知道应该如何完成吗？

双联齿轮属于齿轮类零件，它可以将电动机的高速旋转运动进行减速增矩后输出，因此被广泛应用于各种高扭矩场合，如搅拌机、卷筒机、提升机等。双联齿轮加工精度要求较高，为保证加工质量，提高生产率，必须明确技术要求，对零件的材料、加工方法、检测等进行分析。本项目主要介绍齿轮类零件的结构特点、技术要求、毛坯选择、加工方法、机床设备、刀具和检测等。

知识目标

- ◆ 了解齿轮类零件的功用、结构特点和技术要求。
- ◆ 熟悉齿轮类零件的材料、毛坯和热处理方法。
- ◆ 掌握齿轮类零件的加工方法。
- ◆ 掌握齿轮类零件常用的机床设备和刀具。
- ◆ 掌握齿轮类零件的检测方法。
- ◆ 了解齿轮类零件的工艺及工作实践中常见问题的分析方法。

技能目标

- ◆ 能够编制一般齿轮类零件的机械加工工艺规程。

素质目标

- ◆ 养成专注技艺、追求卓越、科学严谨的工作作风。
- ◆ 践行迎难而上、乐于奉献的团队精神。

项目 5 齿轮类零件机械加工工艺规程

项目工单 ——编制齿轮类零件的机械加工工艺规程

1. 项目描述

指导教师根据实际情况，给出具体题目，如编制直齿圆柱齿轮、双联齿轮等的机械加工工艺规程。

2. 学生分组

以 3～5 人为一组，选出组长并进行任务分工，将小组成员及任务分工填入表 5-1 中。

表 5-1 小组成员及任务分工

小组成员	姓名	任务分工
组长		
组员		

3. 小组讨论

在进行具体项目实施前，需要提前预习相关知识。请各组组长组织组员收集相关资料，讨论下列问题。

（1）简述齿轮类零件的结构特点。

（2）简述齿轮类零件常用的加工方法。

163

（3）加工齿轮类零件时，常用哪些机床设备和刀具？

（4）滚齿时常见哪些问题？产生问题的原因是什么？如何预防这些问题的产生？

4. 制订计划

（1）制订工作计划，并将其填入表 5-2 中。

表 5-2　工作计划

序号	工作内容	负责人

项目 5 齿轮类零件机械加工工艺规程

（2）将实施过程中所需要的工具等填入表 5-3 中。

表 5-3 实施过程中所需要的工具

序号	名称	单位	数量	备注

5．进行决策

（1）每个小组成员阐述自己制订的工作计划。

（2）小组成员之间进行讨论，选出本组最佳工作计划。

（3）指导教师根据各组完成情况进行点评。

6．项目实施

根据本组最佳工作计划，将详细的编制过程、遇到的问题及解决办法、项目实施总结填入表 5-4 中。

表 5-4 项目实施记录表

项目名称	实施内容
编制齿轮类零件的机械加工工艺规程	

表 5-4（续）

项目名称	实施内容
遇到的问题及解决办法	
项目实施总结	

5.1 齿轮类零件的基础知识

5.1.1 齿轮类零件的功用及结构特点

1. 齿轮类零件的功用

齿轮类零件在机器和仪器中应用极为广泛,其主要功用是按照一定的传动比传递运动和动力。

2. 齿轮类零件的结构特点

齿轮类零件虽然因使用要求不同而具有各种不同的结构,但是从工艺角度来讲,它们都由齿圈和轮体两部分组成。齿轮类零件种类繁多,通常可从以下几方面进行分类。

（1）按照用途和传动情况的不同,齿轮类零件可分为圆柱齿轮、圆锥齿轮、蜗轮和蜗杆。其中,圆柱齿轮又分为直齿圆柱齿轮、斜齿圆柱齿轮、人字齿圆柱齿轮,如图 5-1 所示。

齿轮的种类

（2）按照轮体结构特点的不同,齿轮类零件可分为盘形齿轮、套类齿轮、齿轮轴和齿条等,如图 5-2 所示。其中,盘形齿轮又分为单联齿轮、双联齿轮和三联齿轮。

（3）按照齿廓形状的不同,齿轮类零件可分为渐开线齿轮和圆弧齿轮。

（4）按照齿圈上轮齿所在表面的不同,齿轮类零件可分为外齿轮和内齿轮。

（a）直齿圆柱齿轮　　　（b）斜齿圆柱齿轮　　　（c）人字齿圆柱齿轮

图 5-1　圆柱齿轮

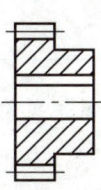  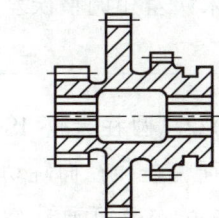 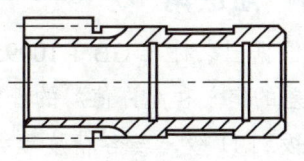

（a）盘形齿轮　　　　　　　　　　　　（b）套类齿轮

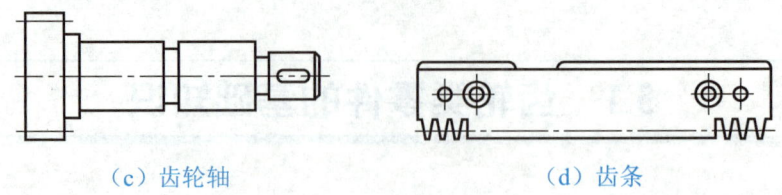

(c) 齿轮轴　　　　　　　　　　(d) 齿条

图 5-2　齿轮类零件

在上述各种齿轮类零件中，盘形齿轮应用最广。盘形齿轮一般为回转体零件，其结构特点是径向尺寸较大，轴向尺寸较小。盘形齿轮主要由孔、外圆、端面和沟槽等组成。盘形齿轮的孔多为精度较高的圆柱孔或花键孔，其轮缘具有一个或几个齿圈。盘形齿轮的孔和端面通常是加工、检验和装配的基准。

5.1.2　齿轮类零件的技术要求

1. 精度

为保证齿轮类零件传递运动准确平稳，应使其齿面接触良好、齿侧间隙适当，即齿面偏差、径向综合偏差与径向跳动应满足相应精度等级公差的要求。

1）齿面偏差

齿面偏差主要包括齿距偏差、齿廓偏差和螺旋线偏差。其中，齿距偏差是指在齿轮类零件的分度圆上，实际齿距与公称齿距之差；齿廓偏差是指实际齿廓偏离设计齿廓的量，它在齿轮端平面内沿垂直于渐开线齿廓的方向计值；螺旋线偏差是指在端面基圆切线方向上测得的实际螺旋线偏离设计螺旋线的量。

2）径向综合偏差

径向综合偏差是指被测齿轮类零件与理想齿轮类零件双面啮合并转一圈时，被测齿轮类零件分度圆上实际圆周位移与理论圆周位移的最大差值。径向综合偏差主要受机床误差、刀具误差和定位误差的影响。

3）径向跳动

径向跳动是指以被测齿轮类零件回转轴线为基准，被测齿轮类零件各齿槽齿高中部径向的最大变动量。径向跳动主要受机床误差和调整误差的影响。

> **知识角**
>
> 根据国家标准 GB/T 10095.1—2022《圆柱齿轮 ISO 齿面公差分级制 第 1 部分：齿面偏差的定义和允许值》的规定，齿面偏差和径向跳动的精度等级分为 11 级，从高到低为 1 级到 11 级，与各精度等级相对应的公差可通过公式进行计算。

2. 表面粗糙度

齿面和孔的表面粗糙度 Ra 一般为 1.6 μm，齿端的表面粗糙度 Ra 一般为 3.2 μm，齿顶圆柱的表面粗糙度 Ra 一般为 6.3 μm。

5.1.3 齿轮类零件的材料、毛坯及热处理

1. 齿轮类零件的材料

对于齿轮类零件，应根据使用时的工作条件选择合适的材料。材料选择得合适与否，对齿轮类零件的加工性能和使用寿命都有直接影响。

一般来说，对于低速重载的齿轮类零件，齿面受压会产生塑性变形和磨损，且轮齿易折断，应选用综合力学性能较好的材料，如 18CrMnTi。对于线速度高的齿轮类零件，齿面容易产生疲劳点蚀，应选用齿面硬度较高的材料，如 38CrMoAl。对于一些载荷较小的齿轮类零件，应选用低碳钢和铸铁等材料。对于一般用途的齿轮类零件，应选用中碳结构钢和低碳合金结构钢，如 20Cr、40Cr、20CrMnTi 等。

2. 齿轮类零件的毛坯

齿轮类零件的毛坯（也称齿坯）主要有型材、锻件和铸件。对于结构简单且强度要求不高的齿轮类零件，可选择型材作为毛坯。对于要求强度高、耐磨损、耐冲击的齿轮类零件，可选择锻件作为毛坯；对于大批生产的齿轮类零件，可选择精密模锻件作为毛坯。对于直径为 400～600 mm 的齿轮类零件，可选择铸件作为毛坯。

常用毛坯的适用材料及其特点

3. 齿轮类零件的热处理

1）齿坯热处理

在齿坯加工前后安排预备热处理——正火或调质，主要目的是消除锻造及粗加工所产生的残余应力，提高综合力学性能。正火一般安排在齿坯粗加工之前进行，调质多安排在齿坯粗加工之后进行。正火可改善齿坯的切削加工性能，因此生产中应用较多。

2）齿面热处理

齿形加工完毕后，为提高齿面的硬度和耐磨性，常安排渗碳淬火、高频感应淬火、碳氮共渗和渗氮等热处理工序。

5.2 齿轮类零件的加工方法

齿轮类零件加工的关键是齿形加工。按照加工原理的不同，齿形加工方法可分为成形法和展成法。

5.2.1 成形法

成形法是指利用与被加工齿轮类零件的齿槽形状相一致的刀具，在齿坯上加工出齿面的方法。成形法有铣齿、拉齿、插齿、刨齿和磨齿等加工方式，其中最常用的是在普通铣床上用模数铣刀铣齿。当齿轮模数 $m < 8$ mm 时，一般在卧式铣床上用盘形模数铣刀铣齿，如图 5-3（a）所示；当齿轮模数 $m \geqslant 8$ mm 时，一般在立式铣床上用指形模数铣刀铣齿，如图 5-3（b）所示。

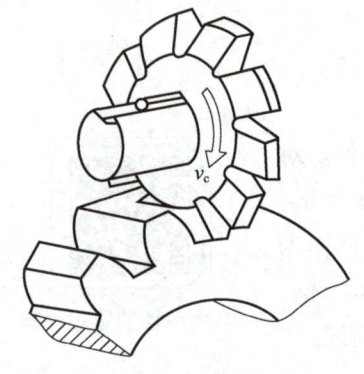
（a）用盘形模数铣刀铣齿

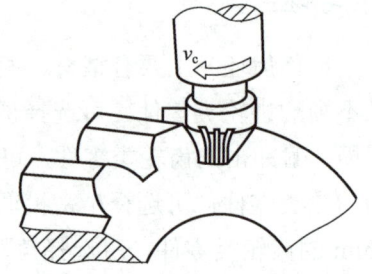
（b）用指形模数铣刀铣齿

图 5-3 成形法

成形法

铣齿时，齿坯安装在工作台的分度头上，模数铣刀做旋转主运动，齿坯做直线进给运动，实现齿槽的成形加工。每铣完一个齿槽，分度头就将工件转过一定角度，模数铣刀再加工另一个齿槽，直至加工出所有齿槽。斜齿圆柱齿轮铣齿时通常在万能铣床上进行，工作台偏转一个螺旋角，齿坯在随工作台进给的同时，由分度头带动做附加旋转运动，从而加工出螺旋齿槽。

万能分度头

渐开线齿轮的齿廓形状由齿轮模数 m 和齿数 z 决定。用成形法加工的齿廓形状由模数铣刀刀刃形状来保证，齿廓分布的均匀性由分度头的分度精度来保证。因此，要加工出准确的齿形，就要求同一模数、不同齿数的齿轮类零件都要用相同模数的铣刀加工，这将导致铣刀数量非常多，在生产中是极不经济的。实际生产中，为减少铣刀的数量，同一模数的铣刀通常只做出 8 把，它们分别用于加工一定齿数范围齿形相近的齿轮类零件。模数铣刀刀号及加工齿数范围如表 5-5 所示。

表 5-5 模数铣刀刀号及加工齿数范围

刀号	1	2	3	4	5	6	7	8
加工齿数范围	12～13	14～16	17～20	21～25	26～34	35～54	55～134	134 以上

用成形法铣齿时，由于受铣刀齿形误差和分度误差的影响，所加工出的齿轮类零件存在较大的齿形误差和分度误差，因此加工精度较低，通常为 9～12 级，表面粗糙度 Ra 为 6.3～3.2 μm。模数铣刀较其他刀具结构简单、制造容易，因此生产成本低。由于每铣一个齿槽均需要进行切入、切出、退刀及分度等工作，加工时间和辅助时间长，因此生产率低。成形法一般用于单件小批生产或机械维修工作中，以及加工重型机械中精度要求不高的大型齿轮类零件。

笔记

5.2.2 展成法

展成法是指在专用机床上按齿轮啮合原理加工齿面的方法。此法的特点是效率高、精度好、刀具通用性好，是目前齿轮类零件主要采用的加工方法。展成法主要有滚齿、插齿、剃齿、珩齿和磨齿等加工方式，其中剃齿、珩齿和磨齿属于精加工。

1. 滚齿

滚齿是指用齿轮滚刀加工圆柱齿轮、蜗轮等的齿面的方法。它是生产率较高、应用最广的加工方法。在滚齿机上用齿轮滚刀加工工件，相当于一对圆柱齿轮做无侧隙强制性的啮合，如图 5-4 所示。

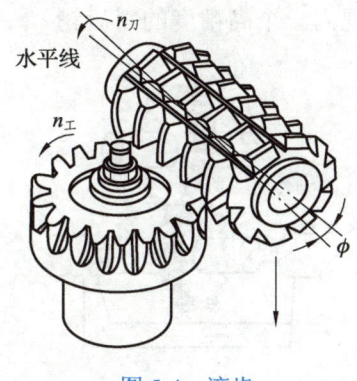

图 5-4 滚齿

滚齿具有较好的通用性，可加工圆柱齿轮、蜗轮、渐开线齿轮和圆弧齿轮。滚齿的加工精度为 5~9 级，一般滚齿可用作精度等级为 7~8 级齿轮类零件的加工，也可用作精度等级为 7 级以上齿轮类零件的粗加工及半精加工。因为滚齿时齿面由齿轮滚刀的刀齿包络而成，参加切削的刀齿数有限，所以轮齿的表面粗糙度较大。因此，为了提高滚齿的加工精度和齿面质量，宜将粗加工和精加工的滚齿分开。

2. 插齿

插齿是指用插齿刀加工内齿轮、外齿轮或齿条等的齿面的方法。插齿过程相当于一对轴线相互平行的圆柱齿轮相啮合。插齿刀相当于一个磨有前角、后角并具有切削刃的高精度圆柱齿轮，而工件则相当于另一个圆柱齿轮，如图 5-5 所示。

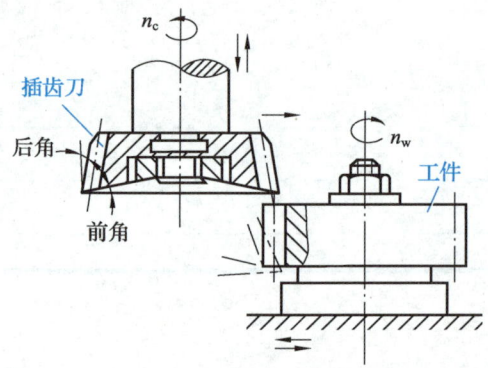

图 5-5　插齿

与滚齿相比，插齿的加工精度更高，表面粗糙度更小，但所加工的齿轮类零件传递运动的准确性较差，齿向误差较大。因此，对传递运动准确性要求不高的齿轮类零件可采用插齿加工，对传递运动准确性要求较高的齿轮类零件则可采用滚齿加工。

3. 剃齿

剃齿是指用剃齿刀对圆柱齿轮、蜗轮等的齿面进行精加工的方法。它是剃齿刀带动工件转动并模拟一对圆柱齿轮做双面无侧隙啮合的过程，如图 5-6 所示。剃齿刀与工件的轴线交错成一定角度。剃齿刀可视为一个高精度的斜齿轮。

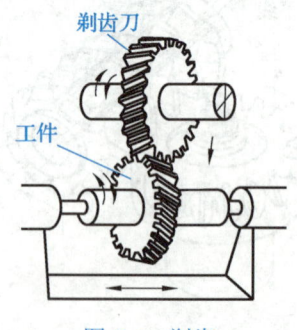

图 5-6　剃齿

剃齿的加工精度一般为 6~7 级，表面粗糙度 Ra 为 0.8 μm。剃齿具有很高的生产率（比磨齿高 10 倍以上），可用于未淬火的直齿圆柱齿轮、斜齿圆柱齿轮的精加工，特别是能广泛应用于大量生产中。

4. 珩齿

珩齿是指用珩磨轮对圆柱齿轮、蜗轮等的齿面进行精加工的方法。齿轮类零件淬火后的轮齿表面有氧化皮，影响表面粗糙度，热处理变形也影响加工精度。珩齿适用于经滚齿、插齿或剃齿加工后，齿面淬硬或非淬硬的直齿圆柱齿轮、斜齿圆柱齿轮，其加工精度为 6~7 级。当工件硬度超过 35 HRC 时，可使用珩齿代替剃齿。

珩齿原理与剃齿相似，珩磨轮与工件类似于一对圆柱齿轮呈无侧隙啮合，利用其齿面间的相对滑动和压力来进行珩齿。珩齿具有以下工艺特点。

（1）珩磨轮结构虽和砂轮相似，但珩齿速度（通常为 1~3 m/s）较低，珩磨轮的磨粒粒度较细、弹性较大，故珩齿过程实际上是一种低速磨削、研磨和抛光的综合过程。

（2）珩齿时，由于存在齿面间隙，除沿齿向有相对滑动外，沿渐开线方向也存在滑动，因此齿面会形成复杂的网纹，从而影响齿面质量，表面粗糙度 Ra 会从 1.6 μm 降为 0.4~0.8 μm。

（3）珩磨轮对珩齿各项误差的修正作用不强，珩磨轮误差一般不会反映到齿轮类零件上。因此，珩齿对珩磨轮的精度要求不高。

（4）珩齿主要用于去除热处理后齿面上的氧化皮和毛刺。珩齿余量一般不超过 0.25 mm，珩磨轮转速为 1 000 r/min 以上，纵向进给量为 0.05~0.065 mm/r。

> **知识角**
>
> 珩磨轮（见图 5-7）是珩齿的刀具，是将磨料、环氧树脂等原料混合后在铁芯上浇铸或热压而成的具有较高齿形精度的斜齿圆柱齿轮。珩磨轮的制造工艺简单，成本低，硬度极高。珩磨轮主要靠磨粒进行切削。
>
>
>
> 图 5-7　珩磨轮

5. 磨齿

磨齿是指用砂轮磨削圆柱齿轮、齿条等的齿面的方法。它是现有齿轮类零件加工方法中加工精度最高的一种。磨齿的加工精度一般为 4～6 级，表面粗糙度 Ra 为 0.2～0.8 μm。磨齿不仅能消除预加工产生的各项误差，而且能加工淬硬的齿轮类零件。它的主要缺点是生产率较低，加工成本较高。磨齿多用于单件小批生产中硬齿面高精度齿轮类零件的精加工。

按砂轮形状的不同，磨齿可分为双片蝶形砂轮磨齿、锥形砂轮磨齿和蜗杆砂轮磨齿，如图 5-8 所示。

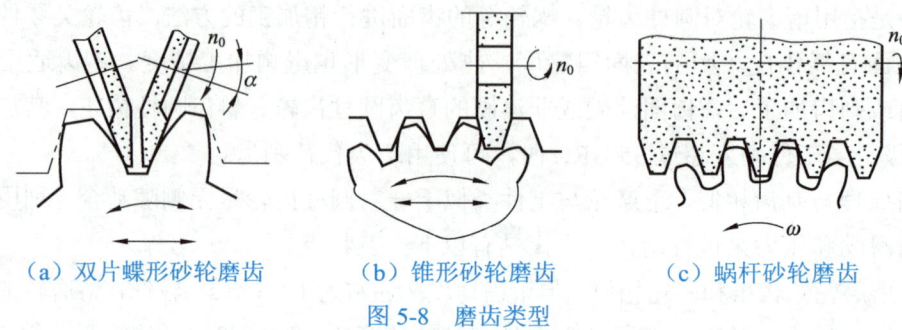

（a）双片蝶形砂轮磨齿　　（b）锥形砂轮磨齿　　（c）蜗杆砂轮磨齿

图 5-8　磨齿类型

1）双片蝶形砂轮磨齿

双片蝶形砂轮倾斜安装后，即构成假想齿条的两个齿面。磨齿时，双片蝶形砂轮高速旋转；而工件一边旋转，一边沿轴线做低速进给运动。当一个齿槽的两侧面磨完时，双片蝶形砂轮快速退出，经分度后继续磨其他齿面。这种磨齿方法的加工精度为 4～5 级，是磨齿中加工精度最高的一种。

2）锥形砂轮磨齿

锥形砂轮磨齿的原理与双片蝶形砂轮磨齿相同。磨齿时，锥形砂轮一边高速旋转，一边沿工件轴向做快速往复运动。磨完一个轮齿后，锥形砂轮快速退出，经分度后再进入下一个齿槽位置磨齿。这种磨齿方法的加工精度为 5～6 级，生产率比双片蝶形砂轮磨齿高。

3）蜗杆砂轮磨齿

蜗杆砂轮磨齿是新发展起来的连续分度磨齿法，其原理与滚齿相似。磨齿时，砂轮高速旋转，工件不仅通过机床的两台同步电动机做展成运动，而且沿轴向做进给运动，从而磨出全齿宽。由于蜗杆砂轮磨齿具有连续分度和砂轮转速较高的优点，因此其生产率比上述两种磨齿都高。

5.2.3　齿轮类零件加工方法的选择

齿轮类零件加工方法可从以下几个方面加以考虑和选择。

（1）对于精度等级为 8 级及 8 级以下的不淬硬齿轮类零件，可采用铣齿、滚齿或插齿，以使该零件直接达到加工精度要求。

（2）对于精度等级为 8 级及 8 级以下的淬硬齿轮

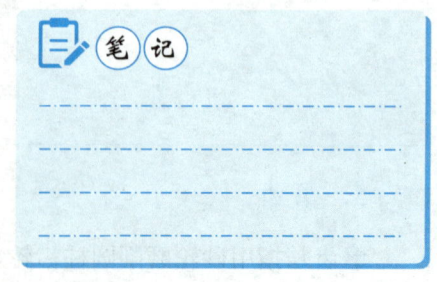

类零件,需要在淬火前将加工精度提高一级,加工方法为滚(插)齿—齿端加工—齿面淬硬—修正孔。

(3) 对于精度等级为 6~7 级的不淬硬齿轮类零件,加工方法为滚(插)齿—齿端加工—剃齿。

(4) 对于精度等级为 6~7 级的淬硬齿轮类零件,加工方法有以下两种。

① 滚(插)齿—齿端加工—剃齿—齿面淬硬—修正孔—珩齿。

② 滚(插)齿—齿端加工—齿面淬硬—修正孔—磨齿。

其中,第一种方法生产率高,广泛用于精度等级为 7 级的齿轮类零件的成批生产中。第二种方法生产率低,一般用于精度等级为 6 级以上的齿轮类零件的加工中。

(5) 对于精度等级为 5 级及 5 级以上的齿轮类零件,加工方法为滚(插)齿—齿端加工—齿面淬硬—修正孔—磨齿。

知识角

齿轮类零件的齿端加工有倒圆、倒尖、倒棱和去毛刺四种。其中,齿端倒圆(见图 5-9)应用最多。倒圆时,工件低速旋转,铣刀在高速旋转的同时沿工件轴向做往复直线运动。工件每转过一齿,铣刀就往复运动一次,两者在相对运动中完成齿端倒圆。

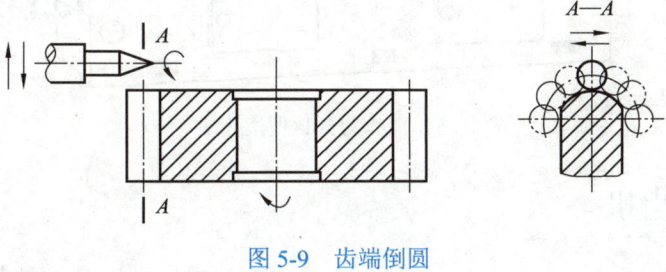

图 5-9 齿端倒圆

5.3 齿轮类零件常用的机床设备和刀具

加工齿轮类零件的机床设备有滚齿机、插齿机、磨齿机、剃齿机、珩齿机、倒角机和拉齿机等;刀具有齿轮滚刀、插齿刀、剃齿刀、珩磨轮和砂轮等。下面重点介绍滚齿机、插齿机、齿轮滚刀和插齿刀。

5.3.1 滚齿机

滚齿机是齿轮类零件加工中一种应用最广泛的机床,它可以完成圆柱齿轮、蜗轮等的加工。滚齿机是根据展成法加工齿轮类零件的,由齿轮滚刀旋转运动和工件旋转运动组成的复合运动为展成运动。当齿轮滚刀与工件连续不断地旋转时,齿轮滚刀便在工件整个圆周上依次切出所有齿槽，即滚齿时齿面的成形过程与分度过程是结合在一起的，因此展成运动也就是分度运动。

Y3150E 型滚齿机（见图 5-10）是一种应用最广泛的中型通用滚齿机，可加工最大直径为 ϕ500 mm、最大模数为 8 mm 的工件。它主要由床身、立柱、刀架溜板、刀杆、刀架、支架和工作台等部件组成。使用时，齿轮滚刀安装在刀架的刀杆上，由主轴带动做旋转运动。刀架溜板可沿前立柱导轨上下移动。工件安装在工作台上，随工作台一起转动。后立柱和工作台可沿床身水平导轨移动，用于调整工件的径向位置或使工件进行径向进给运动。

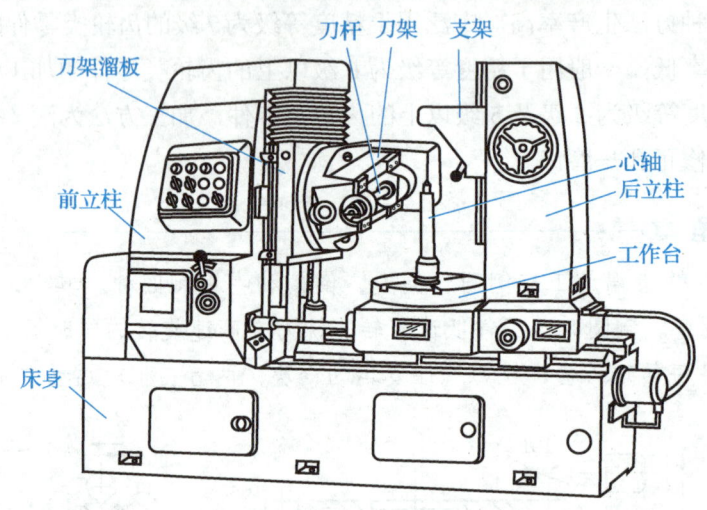

图 5-10　Y3150E 型滚齿机

5.3.2　插齿机

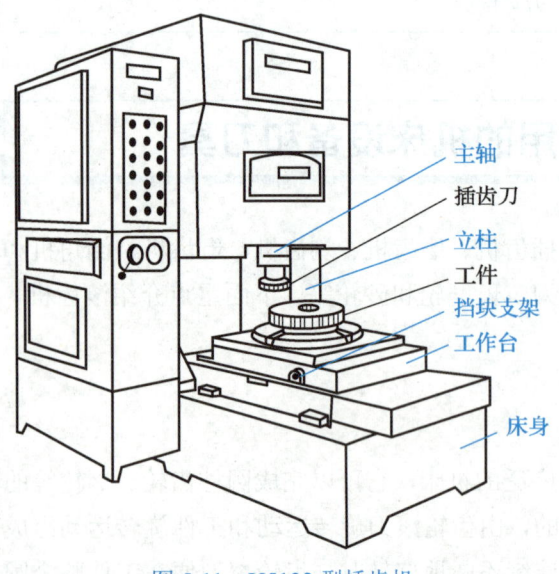

图 5-11　Y5132 型插齿机

插齿机也是一种常用的齿轮类零件加工机床，特别适用于加工滚齿机不宜加工的双联齿轮和三联齿轮。插齿机在装上专用装置后，也可以加工斜齿圆柱齿轮及齿条，但它不能加工蜗轮。

插齿机分立式和卧式两种，其中立式插齿机使用最普遍。Y5132 型插齿机就是一种典型的立式插齿机，它主要由床身、立柱、主轴、挡块支架和工作台等部件组成，如图 5-11 所示。该插齿机在工作时，工件装在工作台上，除了做旋转运动，还可以随工作台水平移动，以实现切入运动和让刀运动。

5.3.3 齿轮滚刀

齿轮滚刀是按圆柱齿轮啮合原理加工的刀具，它相当于一个齿数很少、螺旋角很大的斜齿圆柱齿轮，呈蜗杆状，如图 5-12 所示。

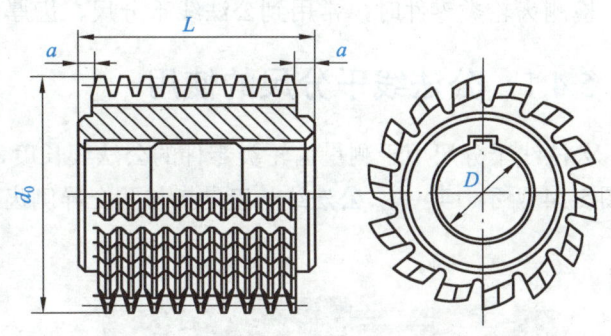

图 5-12　齿轮滚刀

齿轮滚刀按加工性质的不同，可分为精切滚刀、粗切滚刀、剃前滚刀、刮前滚刀、挤前滚刀、磨前滚刀、渐开线滚刀和双圆弧滚刀等；按结构的不同，可分为整体滚刀、焊接式滚刀和装配式滚刀等。GB/T 6084—2016《齿轮滚刀 通用技术条件》规定齿轮滚刀的精度等级分为 4A、3A、2A、A、B、C、D 级 7 种，4A 级是最高精度等级。用一把齿轮滚刀可以加工出模数相同、任意齿数的齿轮类零件。

5.3.4 插齿刀

插齿刀可以加工圆柱齿轮、齿条和内齿轮等，是一种应用很广泛的刀具。插齿刀有盘形插齿刀、碗形插齿刀和锥柄插齿刀三种类型，如图 5-13 所示。盘形插齿刀以孔和支承端面定位，用螺母紧固在机床主轴上，主要用于加工直齿圆柱齿轮及大直径的内齿轮。碗形插齿刀以孔定位，用于加工带有凸肩的齿轮类零件。锥柄插齿刀主要用于加工内齿轮。

（a）盘形插齿刀

（b）碗形插齿刀

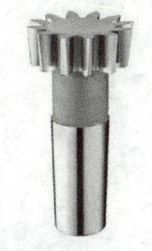
（c）锥柄插齿刀

图 5-13　插齿刀

5.4 齿轮类零件的检测

检测齿轮类零件时,常用到公法线千分尺、齿厚游标卡尺和齿圈径向跳动检查仪等。

5.4.1 公法线千分尺的使用

公法线千分尺用于测量齿轮类零件的公法线长度,是一种通用的齿轮类零件测量工具,如图 5-14 所示。其中,**公法线长度**是指与两个异侧齿面相切的两平行平面间的垂直距离。

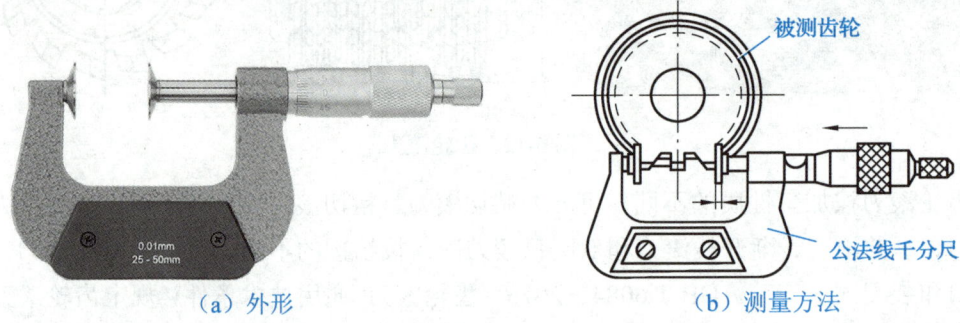

(a)外形　　　　　　　　　　(b)测量方法

图 5-14　公法线千分尺

测量公法线长度在生产实际中应用较广泛。在齿轮类零件检测中,对成批生产的中、小模数齿轮类零件,一般测量公法线长度。

5.4.2 齿厚游标卡尺的使用

齿厚游标卡尺专用于测量齿轮类零件的分度圆弦齿厚,形状像 90°角尺,内含垂直游标尺和水平游标尺,如图 5-15 所示。

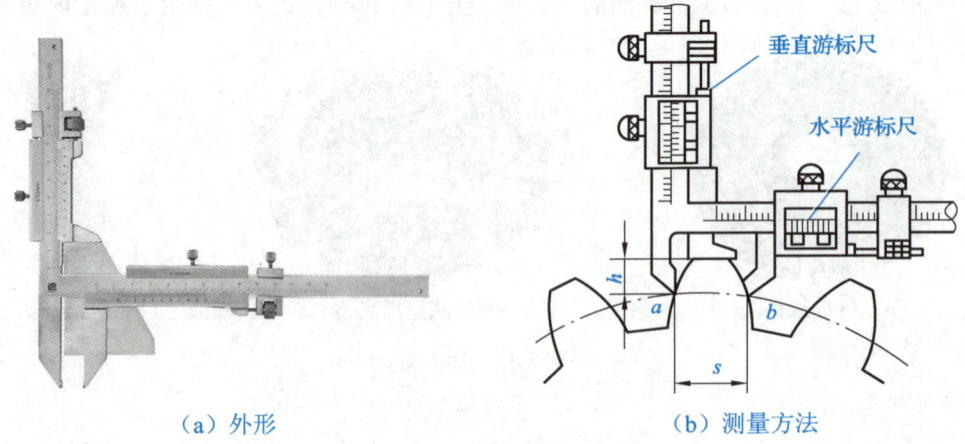

(a)外形　　　　　　　　　　(b)测量方法

图 5-15　齿厚游标卡尺

测量时，先将垂直游标尺调整到分度圆弦齿高 h，并使其与齿顶面靠紧，然后移动水平游标尺，使两测量爪与齿面接触，此时水平游标尺的读数即为分度圆弦齿厚 s 的尺寸。

由于测量分度圆弦齿厚是以齿顶圆为基准的，因此测量结果必然受到齿顶圆公差的影响。在齿轮类零件检验中，对较大模数（$m > 10 \text{ mm}$）的齿轮类零件，一般检验分度圆弦齿厚。

5.4.3 齿圈径向跳动检查仪的使用

齿圈径向跳动检查仪（见图 5-16）用于检查圆柱齿轮、圆锥齿轮、蜗轮及蜗杆的齿圈径向跳动或端面跳动。它的测量头可以为球形，也可以为锥形，如图 5-17 所示。测量时，测量头的尺寸应与被测齿轮类零件的模数大小相适应。将齿轮类零件装在两顶尖之间，然后将球形或锥形测量头逐齿放入齿槽并沿齿槽测量一周，百分表最大与最小读数之差即为齿圈径向跳动或端面跳动。

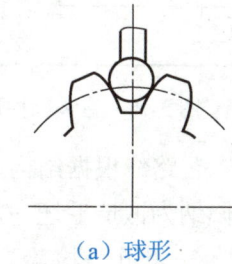

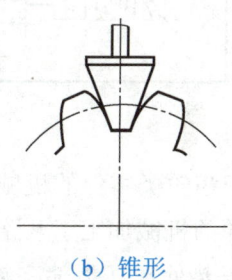

（a）球形　　　　（b）锥形

图 5-16　齿圈径向跳动检查仪　　　图 5-17　测量头

5.5　齿轮类零件的工艺分析

如图 5-18 所示，直齿圆柱齿轮的材料为 40Cr，生产类型为小批生产。该直齿圆柱齿轮的工艺分析如下。

（1）直齿圆柱齿轮的模数为 3 mm，齿数为 26，精度等级为 8 级，主要技术要求是齿圈径向跳动为 0.045 mm，公法线长度变动为 0.040 mm，基节极限偏差为 ±0.018 mm，齿距极限偏差为 ±0.020 mm，齿向公差为 0.018 mm。孔与端面有垂直度要求。齿面的表面粗糙度 Ra 为 3.2 μm。热处理要求为齿部高频淬火，淬火后齿面硬度为 45～50 HRC。

齿轮类零件的工艺分析

（2）直齿圆柱齿轮的材料为 40Cr，宜采用锻造毛坯。

（3）直齿圆柱齿轮为带孔齿轮，宜采用孔和端面组合定位或外圆和端面组合定位，这样既符合基准重合原则，又符合基准统一原则。

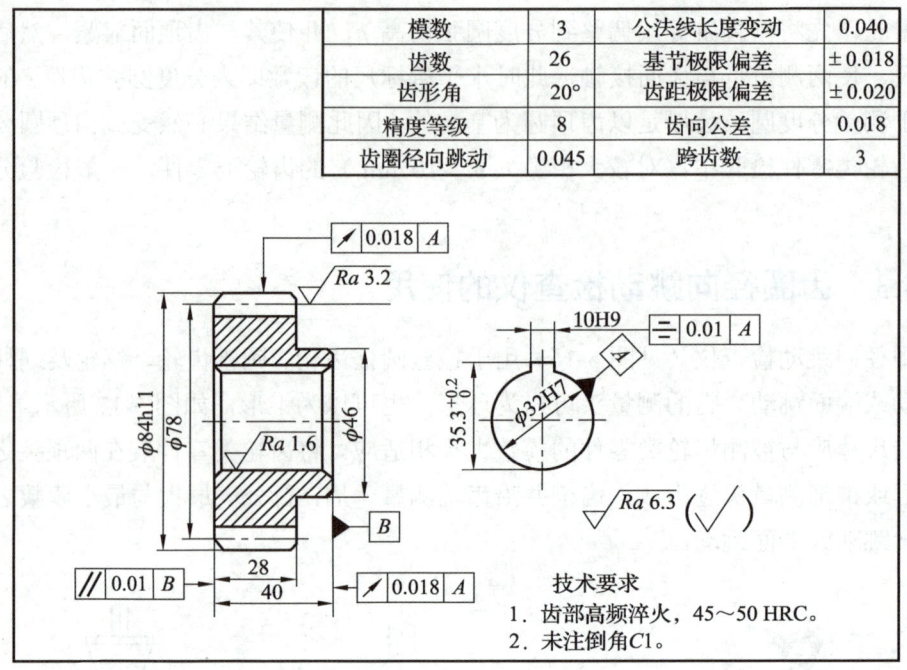

图 5-18 直齿圆柱齿轮

（4）齿轮类零件的机械加工工艺路线根据结构、加工精度和热处理要求等拟订。直齿圆柱齿轮的机械加工工艺路线可归纳为锻造毛坯—热处理（正火）—粗、精车—滚齿—齿端加工—热处理（齿部高频淬火）—磨孔—检验。直齿圆柱齿轮的机械加工工艺过程如表 5-6 所示。

表 5-6　直齿圆柱齿轮的机械加工工艺过程

工序号	工序名称	工序内容	定位基准	加工设备
1	下料	—		
2	锻	锻造毛坯	—	—
3	热处理	正火		
4	粗车	粗车小端端面、外圆及台阶端面；调头粗车大端端面、外圆及孔，均留加工余量 1.5 mm	外圆、端面	车床
5	热处理	调质，45～50 HRC	—	—
6	精车	精车小端端面、外圆及台阶端面；调头精车大端端面、外圆及孔，倒角	外圆、端面	车床
7	磨	磨小端端面	大端端面	磨床
8	插	插键槽达到图样要求	外圆、端面 B	插床
9	滚齿	滚齿	孔、端面 B	滚齿机

项目 5 齿轮类零件机械加工工艺规程

表 5-6（续）

工序号	工序名称	工序内容	定位基准	加工设备
10	齿端加工	齿端倒圆	孔、端面 B	倒角机
11	钳	去毛刺	—	—
12	热处理	齿部高频淬火，45～50 HRC	—	—
13	磨	磨孔达到图样要求	外圆、端面 B	—
14	检验	综合检查		

5.6 工作实践中常见问题分析

滚齿是齿面加工中应用最广的加工方法，在加工时会遇到各种问题，现以它为例介绍齿轮类零件加工中的常见问题、产生原因及预防对策，如表 5-7 所示。

表 5-7 滚齿时常见的问题、产生原因及预防对策

常见问题	产生原因	预防对策
齿圈径向跳动超差	齿坯几何偏心或安装偏心	提高齿坯基准面精度和夹具定位面精度、提高找正技术水平
	用顶尖定位时，顶尖与机床中心偏移	更换或重新装调顶尖
公法线长度变动超差	机床分度蜗轮精度过低	提高分度蜗轮精度
	机床工作台圆形导轨磨损	采用机床校正机构
	分度蜗轮与工作台圆形导轨不同轴	修刮工作台圆形导轨，并以其为基准精滚（或珩齿）分度蜗轮
齿轮变形，且左右齿形对称	齿轮滚刀齿形角过小或过大，前刀面刃磨产生较大的正、负前角	更换齿轮滚刀或重磨前刀面
齿形不对称	齿轮滚刀安装对中不好，前刃面有导程误差	保证齿轮滚刀安装精度，提高齿轮滚刀刃磨精度，控制前刃面导程
齿距偏差超差	齿轮滚刀的轴向窜动和径向跳动过大	提高齿轮滚刀安装精度
	分度蜗杆和分度蜗轮齿距误差超差	修复或更换分度蜗轮副
	齿坯安装偏心	消除齿坯安装误差
齿距误差超差	机床几何精度低或产生磨损	定期检修几何精度
	夹具制造、安装、调整精度低	提高夹具精度
	齿坯制造、安装、调整精度低	提高齿坯精度

表 5-7（续）

常见问题	产生原因	预防对策
表面粗糙度差	齿轮滚刀刃磨质量差或产生磨损；齿轮滚刀未紧固而产生振动；辅助轴承支承不好	选用合格滚刀或重新刃磨；紧固齿轮滚刀；调整间隙
	切削用量选择不当	合理选择切削用量

铸魂逐梦

"小齿轮"转动"大世界"

沈亚强是深圳市兆威机电股份有限公司（以下简称"兆威机电"）工程部技术中心的主任。从业以来，沈亚强一直坚守在塑料齿轮研发岗位，专心攻克塑料齿轮齿形修正技术、高玻纤塑料齿轮齿形精度修正技术、塑料齿轮缩腰齿形精度修正技术等专业难题，开发出2 000余套塑料齿轮模具，用"小齿轮"转动"大世界"。

2010年，在获得郑州大学材料加工工程专业硕士学位后，沈亚强选择加入兆威机电。刚入职，他便一头扎进生产一线，2013年走上塑料齿轮模具型腔齿形设计岗位。沈亚强一方面在日常工作中加强设备操作技能学习，另一方面购买大量理论书籍、外文书籍，如饥似渴地学习着。

2014年，兆威机电引进了齿轮检测中心器。这在当时还是新鲜事物，大家都将期待的眼光投向了沈亚强。沈亚强不负期待，将全英文说明书译成中文，并写成手册。很快，他不仅"吃透"了这台新机器，还教会了大家使用方法。

没多久，兆威机电接到了新订单——开发座椅调节塑料齿轮，齿轮检测中心器派上了大用场。当时，一款齿轮的啮合精度不达标，测试数月难寻"病因"，新订单面临搁浅。经过一段时间的琢磨，沈亚强提出利用齿轮检测中心器的检测方案，成功找到"病因"，破解了难题。

沈亚强在塑料齿轮模具开发领域深耕11年，先后获得两项国家发明专利及1项国家实用新型专利。沈亚强因出色的业绩被评为"宝安大工匠"。

"师傅对待工作特别严谨认真，对我们要求也非常严格。"沈亚强的第一个徒弟赵凯说。如今，沈亚强带领的技术团队已经有70余人，很多人都已成长为技术骨干。

（资料来源：刘友婷，《"齿"之以恒，"转"动梦想》，工人日报，2021年12月29日）

项目 5　齿轮类零件机械加工工艺规程

项目实训——编制双联齿轮的机械加工工艺规程

1. 项目描述

如图 5-19 所示为双联齿轮，材料为 40Cr，生产类型为成批生产。全班学生以 3～5 人为一组进行分组，以组为单位编制该零件的机械加工工艺规程。

齿号	I	II	齿号	I	II
模数	2	2	公法线长度变动	0.039	0.024
齿数	28	42	基节极限偏差	±0.016	±0.016
齿形角	20°	20°	齿形公差	0.017	0.018
精度等级	7	7	齿向公差	0.017	0.017
齿圈径向跳动	0.050	0.042	跨齿数	4	5

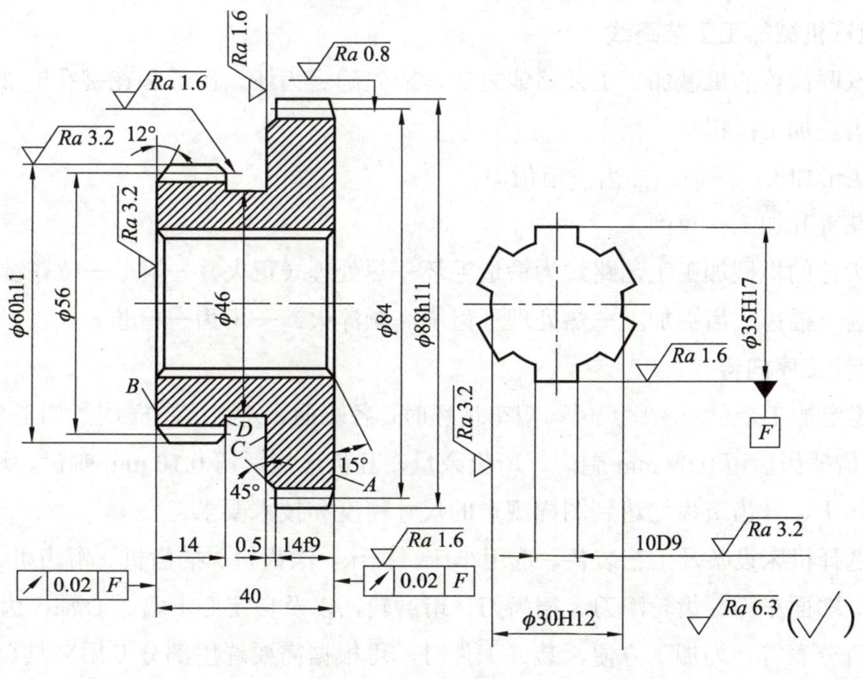

图 5-19　双联齿轮

2. 实训内容

1) 分析零件结构工艺性

（1）双联齿轮 I 齿、II 齿轮缘间的轴向距离较小，I 齿加工方法的选择就受到限制，通常只能用插齿。

183

(2) 双联齿轮精度等级为 7 级，Ⅰ齿、Ⅱ齿的齿圈径向跳动分别为 0.050 mm、0.042 mm，公法线长度变动分别为 0.039 mm、0.024 mm，基节极限偏差均为 ±0.016 mm，齿形公差分别为 0.017 mm、0.018 mm，齿向公差均为 0.017 mm。孔与端面有垂直度要求，表面粗糙度 Ra 分别为 3.2 μm、1.6 μm。

(3) 双联齿轮为软齿面齿轮类零件，齿面硬度较小，承载能力不高，适用于一般机械传动。

通过对结构、尺寸标注进行分析，此双联齿轮的结构工艺性较好。

2) 选择毛坯

双联齿轮在正火后进行精加工，制造工艺较简单，材料为 40Cr，毛坯选用锻件。

3) 选择定位基准

根据基准重合原则和基准统一原则，应以花键孔和端面组合定位或外圆和端面组合定位，来确定双联齿轮中心和轴向位置，并选用面向定位端面的夹紧方式。

4) 拟订机械加工工艺路线

拟订双联齿轮的机械加工工艺路线之前，应先确定齿坯、齿形和花键孔的加工方法。

(1) 齿坯加工：粗车—精车。

(2) 齿形加工：滚齿—插齿—珩齿。

(3) 花键孔加工：拉削。

双联齿轮的机械加工工艺路线为锻造毛坯—热处理（正火）—粗车—拉花键孔—钳—精车—滚齿—插齿—齿端加工—热处理（齿部高频淬火）—珩齿—检验。

5) 设计工序内容

(1) 确定加工余量及工序尺寸。粗车齿坯时，各端面、外圆按图样均留加工余量 1.5～2 mm，Ⅰ齿插齿后留 0.09 mm 剃齿、珩齿余量，Ⅱ齿滚齿后留 0.10 mm 剃齿、珩齿余量。精加工时，Ⅰ、Ⅱ齿珩齿均达到图样规定的尺寸精度和技术要求。

(2) 选择机床设备及工艺装备。选用车床、拉床、滚齿机、插齿机、珩齿机、倒角机，外圆车刀、端面车刀、齿轮滚刀、插齿刀、珩磨轮，以及自定心卡盘、心轴、齿厚游标卡尺、内径百分表等。为加工方便，装夹工件时，可根据需要选用部分专用夹具。

(3) 确定切削用量及工时定额。确定各工序切削用量和工时定额时，可采用查表法或经验法。采用查表法时，应注意结合所加工零件的具体情况以及企业的实际生产条件对所查得的数值进行修订，使其更符合生产实际。

6) 填写工艺文件

根据前述分析和说明，填写此双联齿轮的工艺过程卡，如表 5-8 所示。

项目 5 齿轮类零件机械加工工艺规程

表 5-8 双联齿轮的工艺过程卡

B 机械厂		机械加工工艺过程卡		产品型号	×××	零件图号		×××		
				产品名称	×××	零件名称	双联齿轮	共 1 页	第 1 页	
材料牌号		40Cr	毛坯种类	锻件	毛坯外形尺寸	×××	每毛坯可制件数	1	每台件数	1	备注
工序号	工序名称	工序内容		车间	工段	设备	工艺装备		工时	
									准终	单件
1	锻	锻造毛坯								
2	热处理	正火		热						
3	粗车	粗车外圆及端面,留加工余量 1.5～2 mm,钻镗花键孔底至尺寸 ϕ30H12		金		车床	外圆车刀、自定心卡盘、游标卡尺			
4	拉	拉花键孔至图样要求		金		拉床	内径百分表			
5	钳	去毛刺		金						
6	精车	上心轴,精车外圆、端面及槽至图样要求		金		车床	外圆车刀、端面车刀、心轴、齿厚游标卡尺			
7	滚齿	滚齿(z = 42),留珩齿余量 0.10 mm		金		滚齿机	齿轮滚刀			
8	插齿	插齿(z = 28),留珩齿余量 0.09 mm		金		插齿机	插齿刀			
9	齿端加工	齿端倒圆		金		倒角机	外圆车刀			
10	热处理	齿部高频淬火,52～54 HRC		热						
11	珩齿	珩齿达到图样要求		金		珩齿机	珩磨轮			
12	检验	综合检查								
	设计(日期)			校对(日期)			审核(日期)			

项目考核

1. 填空题

（1）齿轮类零件的功用是按照一定的传动比传递_____和_____。

（2）圆柱齿轮又分为_____、_____和_____。

（3）齿轮类零件的毛坯主要有_____、_____和_____。

（4）齿形加工完毕后，为提高齿面的硬度和耐磨性，常安排渗碳淬火、_____、_____和_____等热处理工序。

（5）按照加工原理的不同，齿形加工方法可分为_____和_____。

2. 选择题

（1）对于线速度高的齿轮类零件，齿面容易产生疲劳点蚀，应选用（　　）的材料。

    A．韧性较好　　　　　　　　B．齿面硬度较高

    C．耐磨性好　　　　　　　　D．硬度高

（2）对于要求强度高、耐磨损、耐冲击的齿轮类零件，可选择（　　）作为毛坯。

    A．锻件　　　　　　　　　　B．铝合金压铸件

    C．铸钢件　　　　　　　　　D．钢板焊接件

（3）展成法主要有滚齿、插齿、剃齿、珩齿、磨齿等加工方式，其中剃齿、珩齿和（　　）属于精加工。

    A．滚齿　　　　B．插齿　　　　C．磨齿　　　　D．铣齿

（4）剃齿具有很高的生产率，可广泛应用于（　　）中。

    A．单件生产　　B．小批生产　　C．中批生产　　D．大量生产

（5）双片蝶形砂轮磨齿的加工精度为（　　），是磨齿中加工精度最高的一种。

    A．IT1～IT2　　　　　　　　B．IT3～IT4

    C．IT4～IT5　　　　　　　　D．IT5～IT6

3. 判断题

（1）对于一般用途的齿轮类零件，应选用中碳结构钢和低碳合金结构钢，如 20Cr、40Cr、20CrMnTi 等。（　　）

（2）最常用的成形法是在普通铣床上用模数铣刀铣齿。（　　）

（3）滚齿比插齿所加工的齿轮类零件的齿形精度高。（　　）

（4）齿轮类零件的齿端加工有倒圆、倒尖和倒棱三种。（　　）

4. 简答题

（1）齿坯常用的热处理方法有哪几种？它们是如何安排的？

（2）简述成形法铣齿的特点。

（3）可从哪几个方面考虑和选择齿轮类零件的加工方法？

项目评价

指导教师根据学生的实际学习成果对其进行评价，学生配合指导教师共同完成学习成果评价表，如表 5-9 所示。

表 5-9 学习成果评价表

姓名： 组号： 指导教师：

评价项目	评价内容	满分/分	评分/分		
			自评	互评	师评
知识（50%）	了解齿轮类零件的功用、结构特点和技术要求	5			
	熟悉齿轮类零件的材料、毛坯和热处理方法	10			
	掌握齿轮类零件的加工方法	10			
	掌握齿轮类零件常用的机床设备和刀具	10			
	掌握齿轮类零件的检测方法	10			
	了解齿轮类零件的工艺及工作实践中常见问题的分析方法	5			
技能（30%）	能够编制一般齿轮类零件的机械加工工艺规程	30			
素养（20%）	积极参加教学活动，主动学习、思考、讨论	5			
	认真负责，按时完成学习任务	5			
	团结协作，与组员之间密切配合	5			
	服从指挥，遵守课堂纪律	5			
合计		100			
总评	自评（20%）+互评（20%）+师评（60%）=		综合等级：		
自我评价					
指导教师评价					

项目 6 机械装配工艺规程

项目引入

B厂现接到一个超出工厂现有最大产能的产品订单,为了完成这个订单,老板让厂里技术员商议如何提高装配的生产率。装配车间的技术员小王看着现有的装配工艺规程,脑中闪过该产品的每个装配步骤,试图从中找出突破口。经过四天的不懈努力,小王和技术部的同事们对每一项装配工艺内容都认真进行了梳理,通过对装配步骤进行分类、合并,将原来的按套件装配改为按部件装配,并对工人进行了专业化分工。改进后的装配工艺规程实施后,产品的生产率得到了显著提升,装配质量也提高了不少,而人员和设备却没有增加。

装配工艺对产品质量影响很大。若装配不当,即使所有零件质量都合格,也不一定能生产出合格的、高质量的产品。反之,若零件加工精度并不高甚至存在某些质量缺陷,而在装配中采用适当的工艺方案进行选配、修配、调整等,也能使机器达到规定的要求。因此,采用合适的装配工艺,制订合理的装配工艺规程,提高装配质量和生产率,是机械制造工艺的一项重要任务。一份合理的装配工艺规程对装配生产有这么大的促进作用,那么它是怎么编制的呢?本项目主要介绍装配的有关概念和工作内容、装配精度、装配尺寸链和装配方法,以及机械装配工艺规程的编制原则、原始资料和编制步骤等。

知识目标

- ◇ 掌握装配的有关概念和工作内容。
- ◇ 熟悉装配精度的类型和影响因素。
- ◇ 掌握装配尺寸链和装配方法的相关知识。
- ◇ 熟悉机械装配工艺规程的编制原则和原始资料。
- ◇ 掌握机械装配工艺规程的编制步骤。

机械制造工艺

▶ **技能目标**

◇ 能够编制简单部件或组件的机械装配工艺规程。

▶ **素质目标**

◇ 养成坚持不懈、刻苦钻研、追求卓越的工作作风。
◇ 践行勇于担当、乐于奉献的团队精神。

项目工单 ——编制机械装配工艺规程

1. 项目描述

指导教师根据实际情况,给出具体题目,如编制齿轮传动组件、减速器等的机械装配工艺规程。

2. 学生分组

以 3~5 人为一组,选出组长并进行任务分工,将小组成员及任务分工填入表 6-1 中。

表 6-1 小组成员及任务分工

小组成员	姓名	任务分工
组长		
组员		

3. 小组讨论

在进行具体项目实施前,需要提前预习相关知识。请各组组长组织组员收集相关资料,讨论下列问题。

(1)什么是机械装配工艺规程?

(2)产品在装配过程中,有哪些装配方法?

（3）简述编制机械装配工艺规程所需要的原始资料。

（4）简述机械装配工艺规程的编制步骤。

4．制订计划

（1）制订工作计划，并将其填入表 6-2 中。

表 6-2　工作计划

序号	工作内容	负责人

(2)将实施过程中所需的工具等填入表 6-3 中。

表 6-3 实施过程中所需的工具

序号	名称	单位	数量	备注

5. 进行决策

(1)每个小组成员阐述自己制订的工作计划。

(2)小组成员之间进行讨论,选出本组最佳工作计划。

(3)指导教师根据各组完成情况进行点评。

6. 项目实施

根据本组最佳工作计划,将详细的编制过程、遇到的问题及解决办法、项目实施总结填入表 6-4 中。

表 6-4 项目实施记录表

项目名称	实施内容
编制机械装配工艺规程	

表 6-4（续）

项目名称	实施内容
遇到的问题及解决办法	
项目实施总结	

6.1 机械装配工艺规程的基础知识

机械装配工艺规程是指导装配生产的主要技术文件之一，是制订装配生产计划、进行技术准备、组织和进行装配生产、设计及改建装配车间的主要依据。它对保证装配质量、提高装配生产率、缩短装配周期、减轻工人劳动强度、缩小装配占地面积和降低成本等有着非常重要的作用。

在编制机械装配工艺规程前，需要了解相关基础知识，如装配的有关概念及工作内容、装配精度、装配尺寸链和装配方法等。

6.1.1 装配概述

1. 装配的有关概念

零件是组成机器的基本单元。按规定的技术要求，将零件进行配合和连接，使之成为半成品或成品的工艺过程称为装配。机器一般比较复杂，为便于装配和提高生产率，通常将其分解为若干个可独立装配的部分，如套件、组件、部件等，分层级组织装配。这些能独立装配的部分称为装配单元。

1）套件

套件（也称合件）是指在一个基准件上装配一个或若干零件而构成的装配单元，它是最小的装配单元。套件的装配过程称为套装。每个套件只有一个基准件，它用来连接相关零件，并确定各零件之间的相对位置。如图6-1（a）所示为蜗轮和齿轮连接而成的套件，其中蜗轮是基准件。

2）组件

组件是指在一个基准件上装配若干套件或零件而构成的装配单元。组件的装配过程称为组装。组件与套件不同的是，组件在以后的装配中可以拆解，而套件在以后的装配中一般不再拆解。每个组件只有一个基准件，它用来连接相关套件和零件，并确定它们之间的相对位置。如图6-1（b）所示为一个组件，其中蜗轮和齿轮组成的套件是预先准备好的，阶梯轴为基准件。

3）部件

部件是指在一个基准件上，装配若干个组件、套件和零件而构成的装配单元。部件的装配过程称为部装。部件是产品中要实现一定功能的装配单元，如车床的主轴箱、进给箱和溜板箱等。每个部件只有一个基准件，用来连接相关组件、套件和零件，并确定它们之间的相对位置。

在一个基准件上，把零件、套件、组件和部件装配成最终产品的过程称为总装。

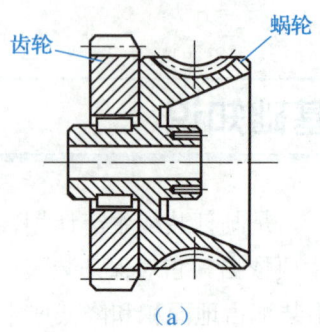
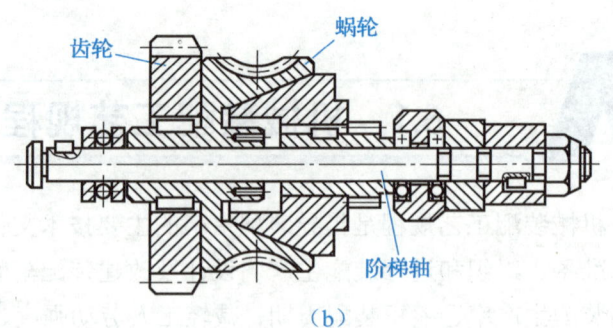

图 6-1　套件和组件示例

2. 装配的工作内容

装配是产品制造过程中的最后阶段，它包括清洗、连接、校正、调整、配作、平衡、验收与试验等一系列工作。由于产品的质量最终是由装配来保证的，因此装配在产品制造过程中占有非常重要的地位。

1）清洗

清洗是指使用清洗剂除去零件表面或部件中的油污及其他杂质的过程。常用的方法有擦洗、浸洗、喷洗和超声波清洗等。清洗后的零件通常还具有一定的防锈能力。

> **经验传承**
>
> 　　当对零件进行清洗时，应注意橡胶制品（如密封圈等零件）应使用酒精或清洗液进行清洗，严禁使用汽油清洗，以防发生膨胀变形。清洗零件时，可根据零件的不同精度选用棉纱或泡沫塑料进行擦拭，但轴承不能使用棉纱擦拭，以防棉纱进入轴承内，影响轴承的装配质量。清洗后的零件应在晾干后再进行装配，以防影响装配质量。另外，清洗后的零件不应放置过长时间（暂不装配的零件应妥善保管），以防污物进入零件。

2）连接

连接是指将两个或两个以上的零件结合在一起的过程，这是装配的主要工作。连接的方式一般有两种：① 可拆卸连接，如螺纹连接、键连接和销钉连接等，其中螺纹连接应用最为广泛；② 不可拆卸连接，如焊接、黏接、铆接和过盈配合等，其中过盈配合多用于轴与孔的连接，通常采用压入法和温差法装配。

3）校正

校正是指相关零部件之间相互位置的找正、找直和找平及相应的调整工作。例如，卧式车床总装时，床身水平和导轨扭曲的校正等。

4）调整

调整是指相关零部件之间相互位置的调节工作，如轴承间隙、导轨副间隙的调整等。

项目6 机械装配工艺规程

5）配作

配作是指以已加工工件为基准，加工与其相配的另一工件，或将两个（或两个以上）工件组合在一起进行加工，如配钻、配铰和配磨等。配作必须在有关零部件的位置精度得到保证后才可进行。

6）平衡

对转速高、运转平稳性要求高的机器，为防止振动与噪声，对旋转零部件要进行平衡。总装后，在工作转速下还要进行整机平衡。整机平衡包括静平衡和动平衡两种。一般情况下，对于直径较大、长度较小的零件（如飞轮和带轮等），只需要进行静平衡；对于长度较大、转速较高的零件（如曲轴、电动机转子等），则需要进行动平衡。

7）验收与试验

产品装配完成后，需要根据有关技术标准和规定对其进行较全面的检验和必要的试验，产品合格后才允许出厂。例如，卧式车床在总装后，需要进行静态检验、空运转试验、负荷试验等。

 小贴士

除上述装配工作外，涂装、包装也属于装配作业范畴，零部件的转移往往也是装配中必不可少的辅助工作。

3．装配精度

1）装配精度的类型

装配精度是指装配时实际达到的精度。它是产品设计时根据使用性能要求，装配时必须保证的质量指标。产品的装配精度包括零部件之间的距离精度、几何精度、相对运动精度和接触精度等。

装配精度

（1）距离精度。**距离精度**是指相关零部件之间距离的尺寸精度，包括间隙、过盈配合等要求。例如，卧式车床主轴轴线与尾座套筒轴线之间的等高度就属于距离精度。

（2）几何精度。**几何精度**是指相关零部件之间的平行度、垂直度、同轴度及圆跳动等。

（3）相对运动精度。**相对运动精度**是指产品中相对运动的零部件之间，在运动方向和相对运动速度上的精度。其中，运动方向的精度主要表现为运动方向上的直线度、平行度和垂直度等；相对运动速度的精度即传动精度。

（4）接触精度。**接触精度**是指相互配合表面或接触表面之间，接触面积的大小和接触点的分布情况。例如，齿轮的啮合、锥体与锥孔的配合、导轨副的接触表面等，均有接触精度要求。

197

2）装配精度的影响因素

零件的加工精度是保证装配精度的基础，尤其是关键零件的加工精度，对装配精度有直接影响。例如，卧式车床主轴轴线和尾座套筒轴线的等高度，主要取决于主轴箱、尾座及尾座底板的尺寸精度，如图 6-2 所示。

另外，装配精度还与所采用的装配方法有很大关系，尤其在单件小批生产中和装配精度要求较高时装配方法的影响更大。如图 6-2 所示，卧式车床主轴轴线和尾座套筒轴线的等高度要求很高，若靠提高 A_1、A_2 和 A_3 的尺寸精度来保证，则不仅经济性较差，而且加工难度很大。在这种情况下，比较合理的方法是在装配时通过修配尾座底板来保证等高度要求。这种方法虽然增加了装配工作量，但是经过对产品制造过程进行全面分析后，被证明是经济可行的。

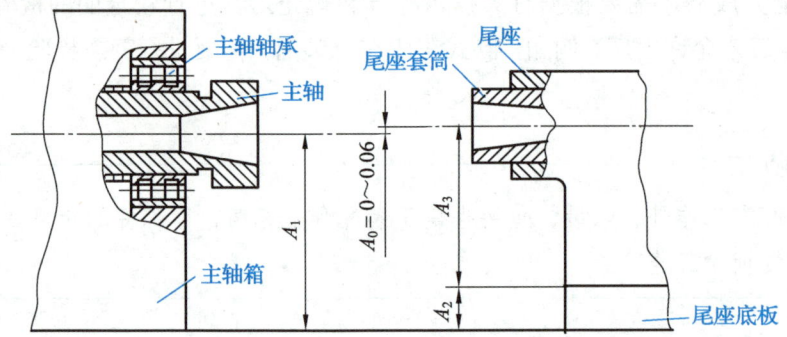

图 6-2 卧式车床主轴轴线和尾座套筒轴线的等高度示意图

综上所述，产品的装配精度是由相关零件的加工精度和合适的装配方法共同保证的。

6.1.2 装配尺寸链

装配尺寸链是指产品或部件在装配过程中，由相关零件的有关尺寸（表面或轴线之间的距离）或相互位置关系（如平行度、垂直度或同轴度等）所组成的尺寸链。例如，在轴与孔的配合中（见图 6-3），孔径、轴径和配合间隙三者就构成了一组装配尺寸链。

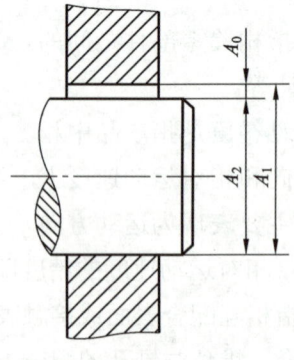

图 6-3 轴与孔的配合

装配尺寸链分为组成环和封闭环。其中，封闭环是指在装配过程中间接获得的尺寸环，它是在装配过程的最后形成的，不能独立变化；组成环是指对装配精度有直接影响的零部件尺寸或位置尺寸。

> **小贴士**
>
> 装配尺寸链与工艺尺寸链相比，除具有封闭性和关联性等共同特征外，还具有如下显著特点。
>
> （1）装配尺寸链的封闭环一定是产品或部件的某项装配精度。因此，装配尺寸链的封闭环是十分明显的。
>
> （2）装配精度只有在产品装配后才能测量。因此，封闭环只有在装配后才能形成，不具有独立性。
>
> （3）装配尺寸链中的各组成环不只是一个零件上的尺寸，而是几个零部件之间与装配精度有关的尺寸。

1. 装配尺寸链的分类

按照各环的几何特征和所处空间位置的不同，装配尺寸链可分为直线尺寸链、角度尺寸链和平面尺寸链等。

（1）直线尺寸链（也称线性尺寸链）是指由长度尺寸组成，各环相互平行并且处于同一平面内的装配尺寸链，如图 6-3 所示。

（2）角度尺寸链是指由角度、平行度、垂直度等组成的装配尺寸链。角度尺寸链常用于分析和计算机械结构中有关零件要素的位置精度，如平面度、垂直度和同轴度等。

（3）平面尺寸链是指由成角度关系布置的长度尺寸及相应的角度尺寸（或角度关系）构成，且各环处于同一平面的装配尺寸链。

常见的装配尺寸链是前两种。平面尺寸链可以用坐标投影法转换为直线尺寸链。下面重点讨论直线尺寸链。

2. 装配尺寸链的建立

1）装配尺寸链的建立步骤

建立装配尺寸链就是在装配图上根据装配精度的要求，找出有关零件及其尺寸，确定封闭环，查找组成环，并画出装配尺寸链线图。

（1）确定封闭环。确定封闭环是建立装配尺寸链最关键的一步。在装配尺寸链中，封闭环通常为产品或部件的装配精度。

（2）查找组成环。从封闭环出发，沿装配精度要求的位置方向依次找出影响装配精度的有关零件及其尺寸，直至返回封闭环。

（3）画出装配尺寸链线图。与工艺尺寸链线图的画法相同，在确定了装配尺寸链的封闭环和组成环之后，可按回路法画出装配尺寸链线图，判别各环的增减性质。

2）装配尺寸链的建立原则

（1）简化原则。产品的结构通常都比较复杂，装配精度的影响因素也有很多，因此，建立装配尺寸链时，在保证装配精度的前提下，可忽略那些影响较小的次要因素，使装配尺寸链的组成环适当简化。

（2）环数最少原则。对产品进行结构设计时，在满足其工作性能要求的前提下，应尽可能减少对封闭环有影响的零件数目，与封闭环相关的零件应只有一个尺寸作为装配尺寸链的组成环。这样，组成环的数目等于有关零件的数目，这就是环数最少原则。封闭环公差一定时，环数最少原则可使分配到各有关组成环上的公差值更大，零件的精度更容易保证。

（3）方向性原则。在同一装配结构中，当不同方向都有装配精度要求时，应按不同方向分别建立装配尺寸链。例如，在蜗轮蜗杆传动的结构中，为了保证二者准确啮合，蜗轮和蜗杆两轴线间的垂直度，以及蜗杆轴线与蜗轮中心平面的重合度等，都有一定的精度要求。这是两个不同方向的装配精度，需要在两个不同方向上分别建立装配尺寸链。

3．装配尺寸链的计算方法

装配尺寸链的计算方法有极值法和概率法两种。计算装配尺寸链的极值法与计算工艺尺寸链的极值法相同，其优点是简单可靠。然而，由于封闭环与组成环的关系式是根据极端情况推导出来的，因此极值法计算得到的组成环公差过于严格。在装配精度较高、环数较多的装配尺寸链计算中，得到的公差会更加严格，从而增加装配难度。因此，极值法多用于计算装配精度不太高、环数较少的装配尺寸链。

大批大量生产中，由于零件的加工误差出现极值的情况很少，因此装配尺寸链的计算多采用概率法。若装配尺寸链环数较多，装配时零件出现"最坏组合"的机会则会更加微小。此时，可根据概率论有关原理，考虑各环出现的概率，推导出封闭环与各组成环之间的关系式，以此来计算装配尺寸链。

6.1.3 装配方法

在产品装配过程中，如果采用的装配方法合理，就能以最快的速度、最小的工作量和较低的成本来实现装配精度要求。在生产实践中，人们根据不同的产品结构、生产类型和装配要求创造出了许多装配方法，主要有互换法、选配法、修配法和调整法四大类。

1．互换法

互换法是指在装配时，各零件不需要做任何选配、修配或调整就能保证装配精度的装配方法。按互换程度不同，互换法可分为完全互换法和不完全互换法两种。

1）完全互换法

完全互换法是指在全部产品中，装配尺寸链的各组成环不需要挑选，或不需要改变大小和位置就能保证装配精度的装配方法。

完全互换法

完全互换装配中，即使各组成环为极限尺寸，也能可靠地保证装配精度。这种方法具有装配质量稳定可靠、装配过程简单、生产率高等特点，易于组织流水作业及自动化装配，也便于采用协作方式组织专业化生产。完全互换法适用于成批、大量生产中装配那些涉及零件较少或涉及零件虽多但装配精度要求不高的产品。

采用完全互换法进行装配时，装配尺寸链用极值法计算，各组成环公差之和应不大于封闭环公差，其关系式为

$$\sum_{i=1}^{n-1} T_i \leqslant T_0 \tag{6-1}$$

式中：

T_i——组成环公差；

T_0——封闭环公差；

n——尺寸链总环数。

计算装配尺寸链时，常用等公差法来分配各组成环的公差。**等公差法**是指先按照各组成环公差相等的原则分配封闭环公差，然后对各组成环的公差根据尺寸大小和加工难易程度进行适当调整的方法。采用等公差法分配各组成环的公差时，调整后的各组成环公差之和仍不得大于封闭环公差。

组成环平均公差 T_M 的计算公式为

$$T_M = \frac{T_0}{n-1} \tag{6-2}$$

式中：

T_M——组成环的平均公差。

> **小贴士**
>
> 采用等公差法来分配各组成环的公差时，公差的调整可参考以下原则。
>
> （1）当组成环是标准件的尺寸（如轴承的内、外径，弹性挡圈的厚度）时，组成环的公差采用标准规定的公差。
>
> （2）当组成环是多个装配尺寸链的公共环时，其公差和公差的分布位置应由对其要求最严的那个装配尺寸链确定。对于其他装配尺寸链，该组成环的公差为已定值。
>
> （3）对于待定的组成环公差，一般先通过经验判断各组成环的加工难易程度，再据此进行分配。

在确定各组成环公差的分布位置时，一般可按"入体原则"确定。若各组成环都按"入体原则"确定公差及公差的分布位置，则封闭环的要求往往不能恰好得到满足。此时，需要选取一个组成环来协调其他组成环，以满足封闭环公差及公差分布位置的要求，这个组成环称为**协调环**。协调环一般选择便于加工和可使用通用量具测量的零件尺寸，其公差及公差分布位置要经过计算确定。

2）不完全互换法

不完全互换法（也称**大数互换法**）是指在绝大多数产品中，装配尺寸链的各组成环不需要挑选，或不需要改变大小和位置，即可保证装配精度的装配方法。不完全互换法以概率论为依据，将装配尺寸链中各组成环公差放大，使各零件更容易按加工精度加工，以降低生产成本。但采用这种方法少部分产品会出现装配精度超差，需要进行返修。不完全互换法适用于大批生产中装配那些精度要求较高且涉及零件数多的机器。

2．选配法

选配法是指当装配精度要求较高，零件制造公差要求很严，致使几乎无法加工时，而将制造公差放大到经济可行的程度，然后选择合适的零件进行装配，以保证装配精度要求的装配方法。选配法可以分为直接选配法、分组选配法和复合选配法等。

1）直接选配法

直接选配法是指在装配时，工人凭经验直接选择合适的零件进行装配，以保证装配精度要求的装配方法。虽然这种方法的装配精度高，但是装配精度在很大程度上取决于工人的技术水平，装配时间不易控制，装配效率低。因此，直接选配法不宜用于节拍要求较严的大批量生产中，一般用于装配精度要求相对不高的小批生产的装配中，如发动机生产中活塞与活塞环的装配。

2）分组选配法

分组选配法（也称**分组互换法**）是指将配合零件的公差先按完全互换法求解，然后将所求得的公差值放大数倍，使配合零件按加工精度加工，加工完后再按实际尺寸测量分组，以保证装配精度的装配方法。这种方法可获得较高的装配精度和较好的经济性，适用于成批、大量生产中装配精度较高、装配尺寸链组成环较少的产品。

小贴士

采用分组选配法时，应注意以下几点。

（1）配合零件的公差应相等，公差增大的方向应相同，放大的倍数就是分组数。

（2）分组后配合零件的公差放大，但几何公差和表面粗糙度不能放大，仍按设计要求制造。

（3）分组数不宜太多，一般为3～5组，否则会增加测量、分组和储运的工作量。

（4）分组后各组内配合零件数应相等，以免出现某些配合零件的积压和浪费。

3）复合选配法

复合选配法是指将直接选配法和分组选配法复合使用的装配方法。采用这种方法装配时，零件加工后预先测量分组，装配时再由工人在各组内直接选择装配。复合选配法的特点是配合零件的公差可以不相等，装配速度较快、质量较高，且能满足一定生产节拍的要求。

3. 修配法

修配法是指选择合适的组成环零件，按加工精度加工，装配时通过对其进行再加工来保证装配精度的装配方法。修配法中修配零件被去除材料的厚度称为**修配余量**，其大小应通过计算合理确定。常见的修配方法有单件修配法、合件修配法和自身加工修配法三种。

1）单件修配法

单件修配法是指选定某个固定零件作为修配零件，在装配过程中对其进行再加工，以保证装配精度的装配方法。这是生产中应用最广泛的修配方法。

2）合件修配法

合件修配法是指将两个或两个以上的零件合并在一起后进行加工修配，以保证装配精度的装配方法。这种方法可以减少累积误差，从而减少修配劳动量，在实际装配中应用较多。由于这种装配方法的生产组织难度较大，因此多用于单件小批生产。

3）自身加工修配法

自身加工修配法是指用自己加工自己的方法来保证装配精度的装配方法。这种方法多用于机床制造。

 小贴士

采用修配法装配时，修配零件一般应满足以下要求。

（1）修配零件应便于安装和拆卸，形状应简单。

（2）预留修配余量的表面应易于加工。

（3）修配零件应是只有一项装配精度要求的零件。

4. 调整法

调整法是指装配尺寸链各组成环按加工精度加工，装配时通过调整某一零件在产品中的位置或对其进行更换，以补偿装配时的累积误差，来保证装配精度的装配方法。采用调整法装配时，被调整或更换的零件称为**调整件**，该零件的组成环称为**调整环**。调整法可分为可动调整法、固定调整法和误差抵消调整法三种。

1）可动调整法

可动调整法是指通过改变调整件的位置来保证装配精度的装配方法。如图 6-4 所示为采用可动调整法调整轴承的间隙。采用可动调整法装配时，零件在调整过程中不需要拆卸，比较方便。这种方法不仅可以获得比较高的装配精度，还可以通过调整件来补偿由磨损、热变形所引起的误差，使设备恢复原有精度。因此，可动调整法的应用十分广泛。

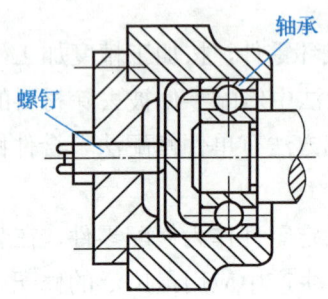

图 6-4　采用可动调整法调整轴承的间隙

2）固定调整法

固定调整法是指在装配尺寸链中选定或加入一个调整件，以该调整件的组成环作为调整环，根据各组成环累计误差的大小更换调整件，来保证装配精度的装配方法。常用的调整件有轴套、垫片和垫圈等。

3）误差抵消调整法

误差抵消调整法是指通过调整有关零件的相互位置，使其加工误差相互抵消来保证装配精度的装配方法。这种方法在机床的装配中应用较多。例如，在机床主轴的装配中，可通过调整前后轴承的径向跳动方向来控制主轴的径向跳动。

> **小贴士**
>
> 当产品装配时，应根据产品的结构、装配精度、装配尺寸链的环数、生产类型及具体生产条件等因素合理选择装配方法。一般情况下，装配方法的选择原则如下。
>
> （1）优先采用完全互换法。只要组成环的加工较为经济可行，就应优先采用完全互换法。
>
> （2）当装配精度要求较高，采用完全互换法会使组成环的加工比较困难或不经济时，应考虑采用其他装配方法。例如，当生产批量较大，组成环的数量较少时，可采用分组选配法；当组成环的数量较多时，可采用调整法；单件小批生产可采用修配法。
>
> （3）当装配精度要求很高，不宜采用其他装配方法时，可采用修配法。

6.2 机械装配工艺规程的编制

编制机械装配工艺规程即将合理的装配工艺过程和操作方法按一定的格式用书面文件的形式固定下来。工艺技术人员在编制机械装配工艺规程时,应熟悉其编制原则、原始资料及编制步骤。

6.2.1 机械装配工艺规程的编制原则

(1) 保证产品装配质量,延长产品使用寿命。
(2) 合理安排装配工序,尽量减少工人的工作量,提高装配生产率,缩短装配周期。
(3) 尽可能减少装配生产的占地面积,提高单位面积生产率。
(4) 尽量减少装配工作的成本。

6.2.2 机械装配工艺规程的原始资料

在编制机械装配工艺规程之前,为使该项工作能够顺利进行,通常应具备以下原始资料。

1. 产品的装配图

产品的装配图必须齐全,包括总装图和部装图,其结构视图和剖视图应能清楚地表示出所有零件的相互连接情况、装配时应保证的各种装配精度和技术要求、零件的编号及明细栏等。必要时,还应调阅零件图。

2. 产品的验收技术文件

验收技术文件主要规定根据产品主要技术要求进行性能检验或试验的内容和方法,是编制机械装配工艺规程的重要依据。

3. 产品的生产纲领

产品的生产纲领决定了生产类型。生产类型不同,装配工作也不同,具体如表6-5所示。

表6-5 各种生产类型的装配工作

生产类型	单件生产	成批生产	大量生产
基本特征	产品经常变动,生产活动不定期重复,生产周期一般较长	产品在系列化范围内变动,分批交替投产或多品种同时投产,生产活动在一定时期内重复	产品固定,生产活动长期重复,生产周期一般较短

表 6-5（续）

生产类型	单件生产	成批生产	大量生产
装配生产组织形式	多采用固定装配或固定流水装配	重型产品在批量不大时多采用固定流水装配，批量较大时采用流水装配；多品种平行投产时采用多种节奏流水装配	多采用流水装配，有连续移动、间歇移动和可变节奏移动等方式，还可采用自动装配机或自动装配线
装配方法	以修配法及调整法为主，互换件比重较小	主要采用互换法装配，但也可灵活运用其他装配方法保证装配精度，如调整法、修配法等，以节约加工费用	按互换法装配，允许有少量简单的调整，精密偶件可成对供应或分组供应装配，无任何修配工作
工艺过程	一般不划分详细的工艺过程，可适当调整工序，灵活掌握工艺	根据批量大小划分工艺过程，尽量使生产均衡	工艺过程划分很细，力求达到高度的均衡性
工艺装备	一般采用通用设备及通用工具、夹具、量具	采用较多通用设备，但也采用一定数量的专用工具、夹具、量具，以保证装配质量和提高生产率	专业化程度高，宜采用专用高效的工艺装备，易于实现机械化、自动化
手工操作要求	手工操作比重特别大，工人需要有高的技术水平和多方面的工艺技能	手工操作比重较大，技术水平要求较高	手工操作比重小，要求操作者的熟练程度高，关键工序的操作者需要有很高的技术水平
应用实例	高精度机床、重型机床、重型机器、汽轮机、大型内燃机、大型锅炉等	机床、机车车辆、中小型锅炉、矿山采掘机械等	汽车、拖拉机、内燃机、手表、缝纫机、家用电器等

4. 现有生产条件和工艺技术资料

现有生产条件和工艺技术资料主要包括现有装配设备和工艺装备、工人技术水平、装配车间面积、各种工艺资料和标准等。

6.2.3　机械装配工艺规程的编制步骤

工艺技术人员在编制机械装配工艺规程时，可按如下步骤进行：① 分析产品装配图及结构；② 选择装配方法和装配生产组织形式；③ 划分装配单元，选择基准件；④ 确定装配顺序；⑤ 划分装配工序；⑥ 填写装配工艺文件。

1. 分析产品装配图及结构

产品的装配工艺必须满足设计要求，工艺人员应对产品装配图及结构进行分析。必要时，可会同设计人员共同进行。

（1）分析产品装配图。分析产品装配图主要是读图，由此熟悉产品装配的技术要求和验收标准,确切掌握装配中关键的技术问题,并制订相应的技术措施。

(2) 对产品的结构进行尺寸分析和工艺分析。

尺寸分析就是进行产品装配尺寸链的分析和计算。在对产品的装配尺寸链及其精度校核的基础上,确定达到装配精度要求的方法,并进行必要的计算。

工艺分析也就是审图,对产品装配结构工艺性进行分析,确定产品结构是否便于装配、拆卸和维修。审图时,应审查图样的完整性和正确性,对其中的问题、缺点或错误提出解决方法和建议,经与设计人员研究后予以修改解决。必要时,可对产品装配图进行工艺会签。

2. 选择装配方法和装配生产组织形式

装配方法和装配生产组织形式的选择,主要取决于产品的结构特点(包括尺寸、质量和复杂程度等)、生产类型以及现有生产技术条件和设备状况等因素,选择时可参照表6-5。

3. 划分装配单元,选择基准件

将产品划分为部件、组件和套件等装配单元是编制机械装配工艺规程最重要的一步。划分的装配单元要便于装配操作和组织装配生产。无论哪一种装配单元,装配时都要选择一个零件或比它低一级的装配单元作为基准件,以便安排装配顺序。

选择基准件时,应遵循以下原则。

(1) 尽量选择产品的基体或主干零部件作为基准件,以保证装配精度。

(2) 基准件应有较大的体积和质量,有足够的支承面,以满足陆续装入其他零部件的作业需要和稳定性要求。

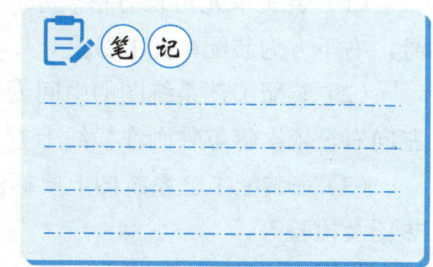

(3) 基准件的补充加工量应尽量少,尽可能避免后续加工工序。

(4) 基准件的选择应有利于装配过程的检测、工序间的传递输送和翻身转位等作业。

4. 确定装配顺序

1) 装配顺序的安排原则

划分好装配单元,选择好基准件后,就可以安排装配顺序了。一般装配顺序的安排原则如下。

(1) 预处理工序先行。例如,零部件的清洗、倒角、清除毛刺与飞边、防锈、防腐和涂装等工序要安排在前。

(2) 先下后上。先安装位于机器下部的零部件,再安装处于机器上部的零部件,这样在整个装配过程中可使重心处于最稳定状态。

(3) 先内后外。先安装机器内部的零部件,再装机器外部的零部件,这样可避免先安装部分妨碍后续装配作业。

（4）先难后易。开始装配时，先利用较大空间装配难装零部件，再装配其他零部件。

（5）及时安排检验工序。在完成对产品装配精度有较大影响的装配工序后，必须及时安排检验工序，检验合格后方可进行后续装配作业，以确保装配精度和装配效率。

（6）类似工序、同方位工序应集中安排。使用同一设备或工艺装备、对环境有同样特殊要求的装配作业，应尽可能在不影响生产节拍的情况下集中安排，以减少产品在车间内的迂回搬运；处于基准件同一方位的装配作业应尽可能集中安排，以防止基准件的多次翻身转位。

（7）电线、油（气）管路同步安装。电线、油（气）管路的安装应与相应工序同时进行，以防止零部件的反复拆装。

（8）减少安全防护工作量及设备。含易燃、易爆、易碎和有毒物质等零部件的安装，应尽可能放在最后，以减少安全防护工作量及设备，保证装配工作顺利完成。

2）装配工艺系统图

产品装配单元的划分和装配顺序的安排，常用装配工艺系统图来表示。装配工艺系统图是表明产品、部件之间相互装配关系及装配流程的示意图，是机械装配工艺规程的主要文件之一，也是划分装配工序的依据。装配工艺系统图的画法如下。

（1）装配单元用长方格表示，其上方注明装配单元的名称，左下方为装配单元的编号，右下方为装配单元的数量。

（2）装配工艺系统图的中间为一条横线，左端为基准件，右端为产品。按装配顺序由左向右，依次将零件画在横线上方，将套件、组件、部件画在横线下方。

（3）在装配工艺系统图上要标注装配所采用的工艺方法，如焊接、配钻、配刮、冷压、热压及检验等。

如图6-5所示为卧式车床床身部件装配图，图6-6所示为该部件装配工艺系统图。

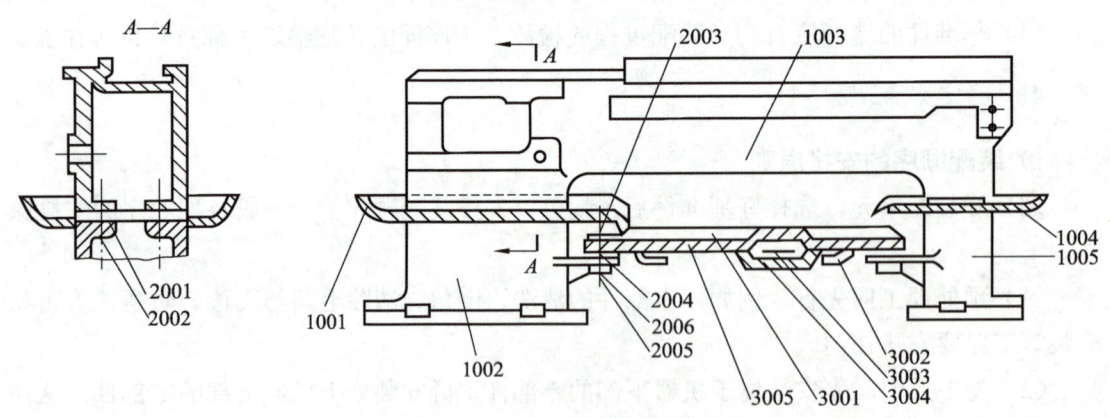

图6-5　卧式车床床身部件装配图

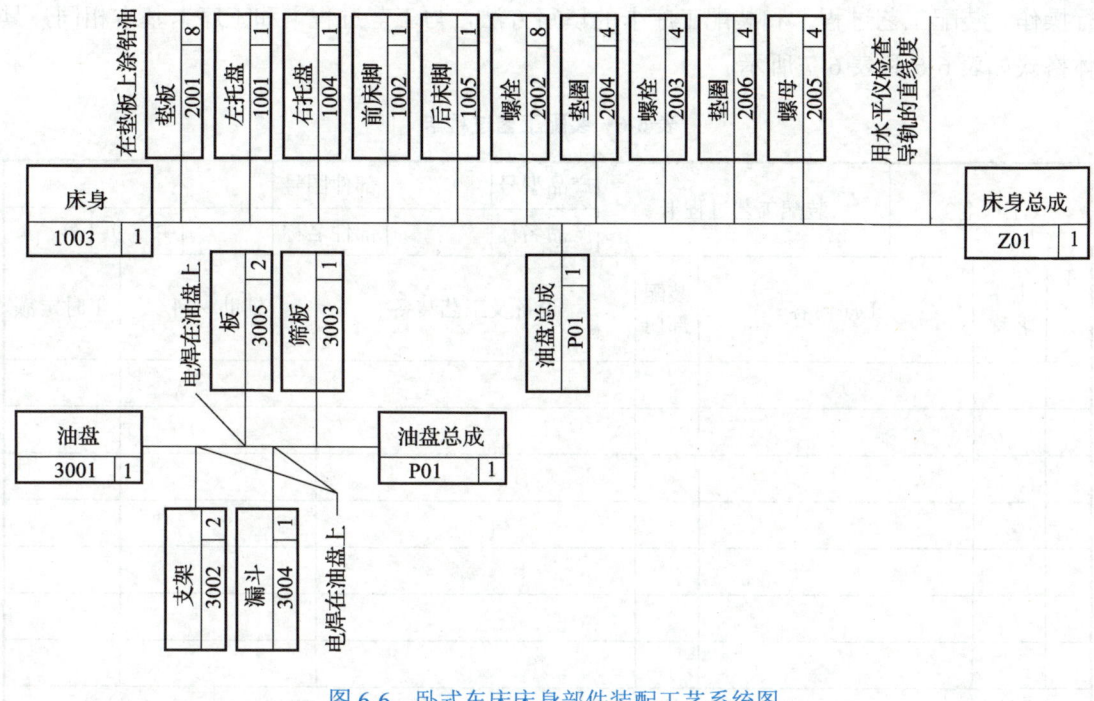

图 6-6　卧式车床床身部件装配工艺系统图

5. 划分装配工序

装配顺序确定以后，就可将装配工艺过程划分为若干个工序，并对装配工序的具体内容进行设计，其主要任务如下。

（1）确定装配工序的集中与分散程度。

（2）划分装配工序，确定各工序的内容。

（3）确定各工序所需的设备和工艺装备，若需要专用设备与夹具，则应拟订设计任务书。

（4）制订各工序的装配操作规范，如紧固螺栓连接的旋紧扭矩、过盈配合连接中压入法的压力要求和温差法的温度要求、装配作业的环境要求等。

（5）制订各工序的装配质量要求、检测方法及检测项目。

（6）确定各工序的工时定额，平衡各工序的节拍，以利于实现流水作业和均衡生产。

（7）评价各工序的可行性和可靠性，必要时对工艺方案的经济性进行分析。

6. 填写装配工艺文件

机械装配工艺规程常用的文件形式有装配工艺过程卡和装配工序卡。**装配工艺过程卡**是指以工序为单位简要说明产品或部件、组件的装配工艺过程，包括每一工序的工作内容、装配部门、设备及工艺装备、辅助材料及工时定额等。**装配工序卡**是指在装配工艺过程卡的基础上，单独为某道装配工序编制的卡。一道工序一张卡，该卡绘有工序简图，详细说明本工序每一工步的工作内容、工艺装备、辅助材料及工时定额等，用以直接指导工人进行操作。装配工艺过程卡和装配工序卡的填写方法，与工艺过程卡和工序卡基本相同，具体格式如表 6-6 和表 6-7 所示。

表 6-6 装配工艺过程卡

（工厂名）	装配工艺过程卡	产品型号		部件图号			
		产品名称		部件名称		共 页	第 页
工序号	工序名称	工序内容	装配部门	设备及工艺装备	辅助材料	工时定额	
设计（日期）		校对（日期）			审核（日期）		

表 6-7 装配工序卡

（工厂名）	装配工序卡	产品型号		部件图号			
		产品名称		部件名称		共 页	第 页
工序号	工序名称		车间	工段	设备	工序工时	
工序简图：							
工步号	工步内容			工艺装备	辅助材料	工时定额	
设计（日期）		校对（日期）			审核（日期）		

项目 6　机械装配工艺规程

单件小批生产时,通常只绘制装配工艺系统图而不另外填写装配工艺文件,装配时按产品装配图和装配工艺系统图作业。成批生产时,通常根据装配工艺系统图制订部装和总装的装配工艺过程卡,其中每个工序应简要说明工序内容、所需设备和工艺装备名称及编号、工时定额等。大批大量生产时,应为每个工序单独制订装配工序卡,详细说明该工序的工作内容。装配工序卡可直接指导工人进行装配作业。

铸魂逐梦

精密装配,提升技能

在位于四川德阳的中国东方电气集团东方电机有限公司水轮机分厂,装配工段工段长、装配主任操作师崔兴国是水轮发电机组装配的技术骨干。水轮发电机组主要由转轮、导水机构等部件构成,在每一次装配过程中,崔兴国始终密切关注每个细节。

转轮装配是水轮发电机组装配的重要一环。崔兴国说:"转轮装配一般需要半个月左右,包括转轮与主轴组装、转轮静平衡。要保证转轮平稳运行,实现转轮静平衡'零残余'目标必不可少。"

怎样保证相应部件气密性和抗压性,是困扰装配工的技术难题,崔兴国结合多年装配经验,尝试在装配过程中增加气密试验和压痕试验,将试验加入装配环节,使后续返工的可能性大大降低,装配效率也得以显著提升。

导水机构的装配需要更高的精准度,它包括低环装配、顶盖装配和整体装配。装配时要要掌握三度:一致度、水平度和同心度。

操作台上,用光电平衡仪测量水平度时,精度要达到 0.1 mm;用光电经纬仪测量同心度时,精度也至少要达到 0.2 mm。一次次测量之下,导水机构装配的一致度终于符合要求,这一环节需要 50 天左右。对于崔兴国而言,一台水轮发电机组完整地装配下来,至少需要 100 天。

崔兴国追求产品品质与效率,开创了"卡普兰式转轮装配操作法"等多种工艺,并将其广泛应用到白鹤滩、三峡、溪洛渡等特大型水电站水轮发电机组装配中,为水电制造的技术创新和质量提升做出了贡献。崔兴国说:"只有通过技能水平的提高制造出更高质量的产品,才能为社会创造价值。"在崔兴国看来,从事制造业就意味着要不断提升技能水平,追求更高的标准。

(资料来源:张文,王永战,《精密装配 转轮平衡(工匠绝活)》,人民网,2022 年 6 月 15 日)

项目实训 ——编制齿轮传动组件的机械装配工艺规程

1. 项目描述

如图 6-7 所示为齿轮传动组件,其生产类型为单件生产。全班学生以 3~5 人为一组进行分组,以组为单位编制该组件的机械装配工艺规程。

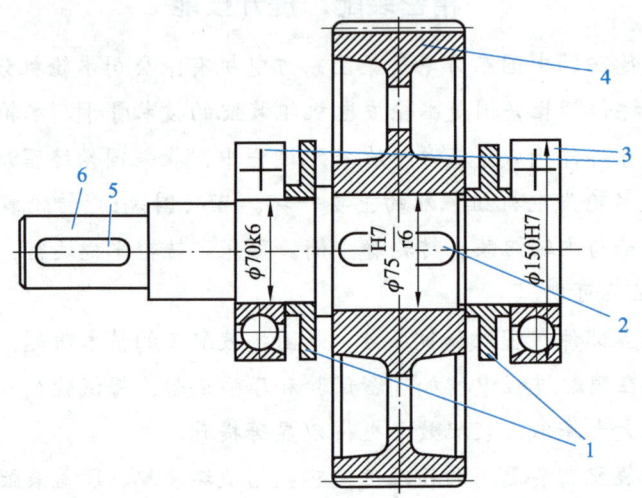

1—挡油环;2、5—键;3—轴承;4—齿轮;6—轴。

图 6-7 齿轮传动组件

2. 实训内容

1) 分析产品装配图及结构

产品的装配工艺必须满足设计要求,工艺人员应对产品装配图及结构进行分析。必要时,会同设计人员共同进行。

2) 选择装配方法和装配生产组织形式

齿轮传动组件由轴、齿轮、轴承、键和挡油环组成,结构较为简单,生产类型为单件生产。参考表 6-5,该组件的装配方法主要采用修配法及调整法,装配生产组织形式采用固定装配。

3) 划分装配单元,选择基准件

由于齿轮传动组件结构简单,且其生产类型为单件生产,因此可直接将各个零件组装起来,装配单元即为各个零件。

根据装配基准的选择原则,齿轮传动组件的装配可选择轴 6 作为基准件。

4）确定装配顺序

根据先内后外的原则和各零件间的装配关系，对齿轮传动组件的装配顺序进行安排。

（1）将键 2 装入基准件轴 6 上对应的键槽内。

（2）将齿轮 4 装入轴 6。

（3）将挡油环 1 装入轴 6。

（4）将轴承 3 加热至 100℃后装入轴 6。

（5）将键 5 装入轴 6。

由于齿轮传动组件的生产类型为单件生产，因此机械装配工艺规程只需要绘制装配工艺系统图即可。齿轮传动组件的装配工艺系统图如图 6-8 所示。

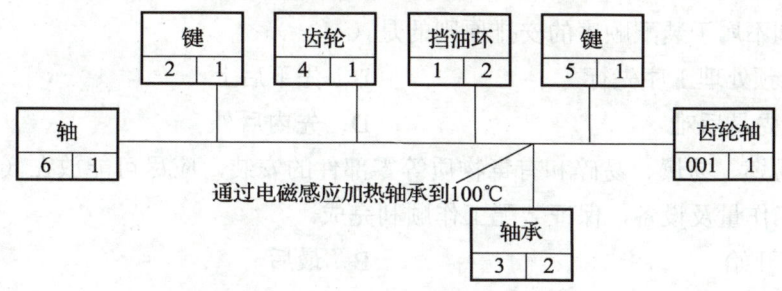

图 6-8　齿轮传动组件的装配工艺系统图

项目考核

1. 填空题

（1）按规定的技术要求，将零件进行配合和连接，使之成为半成品或成品的工艺过程称为_____。在一个基准件上，把零件、套件、组件和部件装配成最终产品的过程称为_____。

（2）装配是产品制造过程中的最后阶段，它包括_____、_____、校正、调整、_____、_____、验收与试验等一系列工作。

（3）常见的可拆卸连接一般有_____连接、_____连接和_____连接，其中，_____应用最为广泛。

（4）产品的装配精度包括零部件之间的_____、_____、_____和_____等。

（5）按照各环的几何特征和所处空间位置的不同，装配尺寸链可分为_____、_____和_____等。

2. 选择题

(1)（   ）是指在一个基准件上装配一个或若干零件而构成的装配单元。
  A. 套件   B. 组件   C. 部件   D. 总装

(2)（   ）是指相互配合表面或接触表面之间，接触面积的大小和接触点的分布情况。
  A. 尺寸精度   B. 传动精度
  C. 位置精度   D. 接触精度

(3) 下列不属于选配法的是（   ）。
  A. 直接选配法   B. 分组选配法
  C. 完全选配法   D. 复合选配法

(4) 下列不属于装配顺序的安排原则的是（   ）。
  A. 预处理工序先行   B. 先下后上
  C. 先易后难   D. 先内后外

(5) 含易燃、易爆、易碎和有毒物质等零部件的安装，应尽可能放在（   ），以减少安全防护工作量及设备，保证装配工作顺利完成。
  A. 开始   B. 最后
  C. 中间   D. 最前

3. 判断题

(1) 组件是指在一个基准件上装配若干套件或零件而构成的装配单元，它是最小的装配单元。（   ）

(2) 卧式车床主轴轴线与尾座套筒轴线之间的等高度属于距离精度。（   ）

(3) 工艺尺寸链具有封闭性和关联性，装配尺寸链只有封闭性，没有关联性。（   ）

(4) 调整法可分为可动调整法、固定调整法和误差抵消调整法三种。（   ）

(5) 单件小批生产时，通常只绘制装配工艺系统图而不另外填写装配工艺文件，装配时按产品装配图和装配工艺系统图作业。（   ）

4. 简答题

(1) 简述装配精度的影响因素。
(2) 简述装配尺寸链的建立原则。
(3) 简述装配方法的选择原则。
(4) 简述基准件的选择原则。

项目评价

指导教师根据学生的实际学习成果对其进行评价，学生配合指导教师共同完成学习成果评价表，如表 6-8 所示。

表 6-8　学习成果评价表

姓名：　　　　　　　　组号：　　　　　　　　指导教师：

评价项目	评价内容	满分/分	评分/分		
			自评	互评	师评
知识（50%）	掌握装配的有关概念和工作内容	10			
	熟悉装配精度的类型和影响因素	10			
	掌握装配尺寸链和装配方法的相关知识	10			
	熟悉机械装配工艺规程的编制原则和原始资料	10			
	掌握机械装配工艺规程的编制步骤	10			
技能（30%）	能够编制简单部件或组件的机械装配工艺规程	30			
素养（20%）	积极参加教学活动，主动学习、思考、讨论	5			
	认真负责，按时完成学习任务	5			
	团结协作，与组员之间密切配合	5			
	服从指挥，遵守课堂纪律	5			
合计		100			
总评	自评（20%）+ 互评（20%）+ 师评（60%）=		综合等级：		
自我评价					
指导教师评价					

参考文献

[1] 于爱武. 机械制造工艺［M］. 北京：人民邮电出版社，2023.

[2] 马敏莉. 机械制造工艺编制及实施［M］. 2版. 北京：清华大学出版社，2016.

[3] 王道林，吴修娟. 机械制造工艺学［M］. 北京：机械工业出版社，2021.

[4] 人力资源社会保障部教材办公室. 机械制造工艺学［M］. 3版. 北京：中国劳动社会保障出版社，2021.

[5] 徐福林. 机械制造工艺学［M］. 上海：复旦大学出版社，2019.

[6] 徐福林. 机械零件加工工艺编制［M］. 北京：机械工业出版社，2016.